会做人你就赢了

卢倩倩／编著

吉林出版集团股份有限公司

图书在版编目（CIP）数据

会做人你就赢了 / 卢倩倩编著. -- 长春：吉林出版集团股份有限公司，2018.12

ISBN 978-7-5581-6017-2

Ⅰ. ①会… Ⅱ. ①卢… Ⅲ. ①成功心理－通俗读物 Ⅳ. ① B848.4-49

中国版本图书馆 CIP 数据核字（2018）第 266319 号

HUI ZUOREN NI JIU YING LE
会做人你就赢了

编　　著：卢倩倩
出版策划：孙　昶
责任编辑：赵晓星
装帧设计：韩立强
出　　版：吉林出版集团股份有限公司
（长春市福祉大路 5788 号，邮政编码：130118）
发　　行：吉林出版集团译文图书经营有限公司
（http: //shop34896900.taobao.com）
电　　话：总编办 0431-81629909　营销部 0431-81629880 / 81629900
印　　刷：天津海德伟业印务有限公司
开　　本：880mm × 1230mm　1 /32
印　　张：6
字　　数：125 千字
版　　次：2018 年 12 月第 1 版
印　　次：2021 年 5 月第 3 次印刷
书　　号：ISBN 978-7-5581-6017-2
定　　价：32.00 元

印装错误请与承印厂联系　电话：022-82638777

前言

preface

做人是一门艺术，也是一门学问，更是个体生存的一种基本需求，无论是谁，为人处世都应遵循一定的规范和准则。会做人更是一个人生存立世之本，是说好话、办好事的基础和前提。说到底，做人的问题就是要处理好自己和他人、自己和社会的关系。就是因为每一个关系都涉及到了自己，所以学会做人就要从自身开始。做人是一门精深的学问，人生的成与败归根到底就在于做人的得与失。懂得做人的智慧，把人做到位，往往就会有事业的发达、家庭的美满、生活的顺畅；反之，不懂得做人的智慧，就会从根本上注定人生的败局，任何事情都会以失败告终。本书下篇对人们行走社会必须具备的做人智慧进行了全面的归纳和总结，从中得出做事先做人、低调做人、做人的方与圆、糊涂之道、中庸、诚信、厚黑、忍让等具有普遍意义的做人方法和规律，让人们在如何做人上有章可循，而不至于迷惘无绪。

通晓做人的哲学，会让你在为人处世的过程中，讲究方法，讲究策略，讲究变通之道，从而建立良好的人际关系，灵活机智地应对人情世故，在复杂变幻的社会环境中，把握做人的准则，衡量处世的分寸，在人生舞台上走好每一步，扮好每一个角色。

做人是一门博大精深的学问，从来没有人能达到大彻大悟的境界。你对人生有几分感悟，人生便赋予你几分收获，很多人梦中的理想境界是受万人景仰、万人敬重，要想达到这个地步，那么人还必须要做到相应的高度。

人往高处走，水往低处流。没有人愿意碌碌无为地虚度一生。学会做人的哲学，会让你在为人处世的过程中，讲究方法，讲究策略，讲究变通之道，从而建立良好的人际关系，灵活机智地应对人情世故，在波诡云谲的社会环境中，把握做人的准则，衡量处世的分寸，在人生舞台上走好每一步，扮好每一个角色，演绎精彩和辉煌，游刃有余地到达成功的彼岸。

他山之石，可以攻玉，借鉴他人的经验，成就自己的成功。这是本书的初衷，也是我们希望达到的目的。希望广大读者能够通过阅读本书掌握做人的精髓，进而创下一番事业，成就更完美的人生。

目录

CONTENTS

第三章 给别人留余地，就是给自己留后路

第四章 圆融通达，为人处世自可一帆风顺

第五章　心里多一分宽容，人生少一分阻碍

第六章　会说话，得天下

第七章　在现实中处世，在人情中做人

第八章　守着骨气做人，带着底线处世

第九章　达观生活，乐观立世

第一章

做人大气，方成大器

修炼杰出的人格魅力

人格的力量是无穷的。古今中外的大人物为何能一呼百应?他们的人格魅力发挥了很大的作用。

人格是一个人品质、意志和作风的集中体现，优秀的人格具有强大的感召力和影响力。比如，周恩来总理就是一位拥有完美人格的典型代表，他用自己的人格团结过同志，用自己的人格感化过敌人，用自己的人格化解过矛盾，用自己的人格促成过合作。1955 年万隆国际会议上，中国提出的“和平共处五项原则”之所以受到绝大多数国家的普遍认同，周总理居功至伟。一位西方国家的首脑在接受采访时说:“是周恩来的人格力量说服了我。我觉得，一个拥有如此高尚的领导人的政党是值得信赖的。”

人格魅力并非只属于位高权重的领导者，任何一个拥有高尚人格者，都能有力地影响着他周围的人。这是做大事业必不可少的素质。

人格中最能感动他人的一项内容是：遇危不避敢担当。

在战场上，如果军官躲在安全的地方，用枪逼着士兵往前冲，谁都不肯服从指挥。如果他勇敢地冲在最前面，大家就会舍生忘死地追随他。

春秋时，吴王夫差率军攻打越国一座城市。他躲在能抵挡箭雨的篷子里，结果这座城老是攻不下来。伍子胥大声呵斥他，要他出来。他刚走到能被箭射到的地方，这座城市就攻下来了。

遇危不避的鼓舞力，不仅在战场上能发挥作用，它也适用于任何需要团队协作的场合。

有一句话说得好：随流性转，只是常人。普通人的特点是，无可无不可，没有必须坚守的原则，见利而趋，见危则避。所以他们永远只是普通人。杰出人士则不然，他们做自己认为必须做的事情，不以利害而改变自己做人处世的原则，就像磐石一样坚定。所以，别人敢把命运放心地交托在他手中，并忠诚地追随他。在无形中他就积累了一股干大事的力量。

人格魅力中另一项重要内容是：坦率真诚。

据有关调查显示，大商人都具有坦率真诚、说话言无不义的特点。这正是他们让人信服的原因所在。

有一年，几位工会代表想和盖蒂谈判，要求提高工人们的工资。盖蒂私下认为，按工会代表们提出数目的一半给员工加薪才是合理的。

谈判前，盖蒂的劳工关系专家们教了他一招：“开始时要把价钱压得很低，再一点一点提高，不到万不得已决不往上加。”

盖蒂认为，这种讨价还价的做法是拍卖市场上惯用的方法，不但有损公司的尊严，也是对劳工代表的侮辱。他打算照自己的意见去谈判。

盖蒂走进会议室，带着公司去年一年的生产成本及售价、公司损益核算表、公司整体财政状况等文件。盖蒂耐心倾听劳工代表提出的要求后，把带来的文件交给工会发言人。

当工会代表们传阅过文件后，盖蒂坦率地说：“我猜我们可能会在这里开好几天的会，争过来争过去！但是，据我所知，假如从我们能获得的结果开始出发，那是更合理的做法。公司负担不起你们要求的数目，文件可证明这一点。你们可以减少数目的一半，这是公司目前所能支付的最高额了。如果明年产量和利润能提高的话，我将很乐意再跟你们商量另一半。”

盖蒂助手们都暗暗担心劳工代表会得寸进尺，那么谈判将陷入非常不利的局面。但是，劳工代表们没有得寸进尺，他们被盖蒂的坦率折服了。工会发言人对盖蒂说：“老实说，我们平常谈这种事，都认为要做长期舌战的准备。但是，你非常妥当地决定了一切，一开始就告诉我们真心话，所以没有什么再值得争的了。”

他停下来，同盖蒂握手：“盖蒂先生，我们就一言为定吧！”于是，双方在友好的气氛下签订了合约，谈判顺利结束。

古人讲为帅要有五德：勇、毅、仁、智、信，缺一不可。这五德都是常人难以具备的。正因为不同寻常，才具有强大的人格感召力和征服力。道理很简单，我们不会完全信赖一个跟我们差不多的人，除非他具有某种我们特别欣赏又高不可及的东西，我们才会崇拜他，并乐于服从他。所以，你想集合众人的力量干大事业，必须修炼杰出的人格魅力。

事关成败要强行

老子说：“强行者有志。”一个制订目标勉力而行者，是有志向的人。

在西方成功学中，有一句名言：“只要你想，你一定行。”

在犹太格言中，有一句话：“金钱只钟情于苦心追求它的人。”

在中国的豪言壮语中，有一句话：“不怕做不到，就怕想不到。”

这些话，跟老子的“强行者有志”如出一辙。无论东方还是西方的智者，都意识到了信念在人生事业中的核心作用。人生短暂，一个人想在有限的生命中成就一番事业，确实需要一种耐得住寂寞、心无旁骛、专心致志、埋头苦干的执着精神，和一种不达目的誓不罢休的坚定信念。

人生成功的关键因素，不是天赋，不是背景，不是祖上留下来的财产，而是持续不断的努力。古往今来，举凡事业有成者，无一不是事业的执着追求者。无论你的起点多么低，只要你制订目标，持续努力，你一定能心想事成。

宁越是中牟地方一个农民，一字不识。人到中年时，精力不如以前健旺，他觉得耕田种地太辛苦了，就向朋友请教说："怎样才能摆脱这种苦差事呢？"

朋友说："最好的办法是读书。读 20 年书就可以达到目的了。"

宁越说："我想用 15 年实现这个目标。别人休息，我不休息；别人睡觉，我不睡觉。"

苦读 15 年后，宁越因学识渊博，被周威公聘为老师。

走得快的人，走了两里就停下来，也没走多远；走得慢的人，走了一百里还不停下来，想走多远就能走多远。宁越资质一般，但能够持之以恒地学习，最后成为天子的老师，不是很合情理吗？

一个人在向目标进发的过程中，因外界环境不利，或自身条件所限，可能会遇到很多困难，甚至会遇到很多难以逾越的障碍，应该怎么办？没有什么好办法，唯有执定目标而"强行"。好比两军交战，实力不足，就用智谋取胜；装备不良，就凭勇气作战。总而言之，都要达到胜利的目的。

但是，当你鼓起勇气挑战困难时，是否每次都能成功呢？未必！你可能挑战失败，你可能被困难打得遍体鳞伤。怎么办？一个拳击运动员说：“当你的左眼被打伤时，右眼还得睁得大大的，才能够看清敌人，也才有机会还手。如果右眼同时闭上，那么不但右眼也要挨拳，恐怕连命都难保！”拳击是如此，人生任何追求都是这样，当你的左眼被打伤，还要把右眼睁得大大的，继续战斗。这才叫“强行者有志”。美国总统林肯就是这样一个“强行”的有志者。

那一年，林肯失业了，他决定竞选州议员，从政。糟糕的是他竞选失败了。接着林肯又创办自己的企业，可不到半年就倒闭了。在以后的 17 年里，他不得不为偿还企业倒闭时所欠下的债务而到处奔波。在此期间，他的未婚妻去世，给他的精神带来了更大的打击。

后来，林肯决定竞选州议会议长，结果又一次失败。过了几年，他竞选美国国会议员，再次遭到失败。他仍没有放弃，一次次地尝试，终于当选为国会议员。两年任期很快过去了，他决定争取连任，但结果很遗憾，他落选了。他不但因此赔了一大笔钱。接下来的又是两次竞选失败。

在这一连串的失败后，林肯一直没有放弃自己的追求，他一直向着自己的目标前进。最后，他成功地当选为美国总统。

在前后二十多年时间里，他总共遭受了 17 次惨败，似乎是一个彻头彻尾的失败者。但他却被誉为美国历史上最伟大的总统之一。

人生成功，意味着克服一连串困难，不能寄望于一战而胜。大哲学家尼采说：“受苦的人，没有悲观的权利。”已经受苦了，为什么还要被剥夺悲观的权利呢？因为受苦的人，必须克服困境才能生存。悲伤和哭泣只能加重伤痛，只能让境遇变得更糟，所以不但不能悲观，而且要比别人更积极。在冰天雪地中历险的人都知道，凡是在途中说“我撑不下去了，让我躺下来喘口气”的同伴，很快就会死亡，因为当他不再走、不再动时，他的体温就会迅速地降低，接着很快就会被冻死。可不是吗？在人生征途中也是这样，如果失去了跌倒以后再爬起来的勇气，你的事业就会“死亡”，你的志向也会被平庸的念头所取代。所以，越是困难的时候，越是要勉励自己，鼓起再战的勇气。

因此，请记住这句话：知难而退非有志，事关成败要强行！

好用智谋不如善用智谋

宋代理学家程颢认为：“人之情各有所蔽，故不能适道。”这就是说，人的观念中，往往存有偏见，所以看不清真相，看不透真理。这是什么原因呢？他说：“大率患在于自私而用智。”主要毛病出在自私和好用智谋上。为什么自私和好用智谋会形成偏见呢？他说：“自私，则不能以有为为应迹；用智，则不能以明觉为自然。”自私，就不能让自己的行为合乎情理；用智，就不能让自己的心态顺其自然。

程颢的话，杂糅了道家无为、顺其自然等概念。他说的“有为”，大概是跟“无为”对应的一个概念，是指人所作的努力，包括说话、办事、思考等。“应迹”大概是合乎道理的意思。《道德经》说：“善行，无辙迹。”古代的路，多为土路，马车走过去，会留下两道辙印。会驾车的人，顺着前面的辙印走，不会留下新的痕迹；不会驾车的人，七歪八扭，“辙迹”就多了。“无辙迹”是隐喻依道行事。程颢的“应迹”二字，是否由此而来，笔者只是猜度而已，没有多大把握。但“不能以有为为应迹”的大概意思是说话做事不能合乎规律、规范，也就是说错话，做错事。“不能以明觉为自然”的大概意思是会失去平常心，内心经常为杂念所烦、所苦。

观照现实，确如程颢所言，因为自私，人就容易发生“动作变形”，不该说的话说了，不该做的事做了。比如“文革”时，你整我，我整他，大家整大家。等到时过境迁，才发现当年说的话多么可笑，做的事多么愚蠢。于是有人懊悔了，发表文章说：“我在‘文革’时说了一些违心的话，做了一些违心的事，伤害了一些不该伤害的人……”这一说又不对了！什么“违心的话”“违心的事”？明明是为了保护自己而不惜伤害他人，是依从私心说的话，是依从私心做的事，归结到“违心”二字，好像跟自己没多大关系的，责任推得干干净净。这样说，大概是为了求得自己安心和他人谅解，又是出于私心的话，而非公平之论，等于再错一次。

好用智谋，亦如程颢所言，确实会让人失去平常心。很多人，为了证明自己不傻，在没有事的地方也能搞出事来。在有事的地方，更是不遗余力，《孙子兵法》《三十六计》《厚黑学》全搬出来，无风能掀起大浪，有风能掀翻一条船。可是，用了智谋，就有胜负，胜者穷追猛打，负者卷土重来，如此争斗不休。可是，所做的一切，除了证明自己不傻之外，对事情本身一点好处也没有。

春秋战国时期，蔡国和息国是两个小国，为了在大国的夹缝中求生存，它们结成盟友，相互支援。后来，蔡侯和息侯娶一对漂亮姐妹为妻，成了亲戚，两国关系更密切了。

有一年，息夫人回娘家探亲，途经蔡国，顺便去看望姐姐和姐夫。没想到，蔡侯这个人很好色，见小姨子貌美如花，比自己的妻子更胜三分，顿时动了淫心。他以探视为名，对息夫人言语挑逗，动手动脚。息夫人沉下脸，拂袖而去。

从娘家探亲回来后，息夫人将蔡侯调戏她的事告诉了息侯。息侯恨得牙痒痒，心里暗骂蔡侯："我与你相交多年，亲如兄弟，你居然想给我戴绿帽，真不是个东西！"他绞尽脑汁，终于想出一招借刀杀人的"妙计"。

过不久，息侯准备了一些贵重礼品，来到楚国，拜会楚王，表示愿意与楚国合作，灭掉蔡国。他还向楚王献了一条计策：楚军先佯装攻打息国，蔡国必然发兵来救，这时，楚军可趁机设下埋伏，一举全歼蔡军。

楚王认为此计可行，当即应允。

后来的战局，一如息侯事前的判断：楚军攻打息国时，息侯派人向蔡国求援。蔡侯接到求救信后，不敢怠慢，当即倾全国兵力赶来相助，结果中了楚军埋伏，大败亏输。蔡侯率残部拼死突围，好不容易才逃到息城脚下，想进城避难。谁知息城四门紧闭，怎么也叫不开。这时楚军从四面八方杀来，蔡侯只好束手就擒。

蔡侯当了俘虏后，心里一琢磨，明白上了息侯这小子的当。他怨愤不平，决心报复。一次，他陪楚王喝酒，趁机大肆吹嘘息夫人如何貌美，即使仙女下凡也不过如此。楚王也很好色，听得哈拉子都快掉下来了。他索性一不做二不休，调集大军，一举攻占息国，掳走了息夫人。息侯也成为俘虏。幸亏息夫人讲感情，向楚王求情，息侯才保住一条小命。

如何避免因自私、用智而带来的危害呢？程颢提出了方法："今以恶外物之心，而求照无物之地，是反鉴而索照也。"这段话很难翻译，意思是大致是：要将心比心。“无物之地”是指空灵之心。用不存偏见的心作镜子，去照他人、他事，比较容易得到真情实理。比如，别人做了一件我不高兴的事，不妨想一想，我处在他的情况下，会不会这样做呢？我想对某人做某事，不妨想一想，如果我是他，能不能接受这件事呢？这样反照一下，心态就平和了，行为也正常了。

一般来说，自私的弊端是不易克服的，有时候，利害相关，热血上冲，顾不了那么多。但好用智谋的毛病是可以克服的。在绝大多数情况下，用了智谋对事情没好处，不用智谋对事情没坏处。只要认识到用了智谋跟没用智谋一样，用智谋的积极性就会降低。

但是，智谋并非不可以用。办事不动脑筋怎么行呢？但用智无须好用智，也就是说，别在不需要用心机的地方用心，别在需要用才能、品德的问题上滥用智谋。把握了这些要点，就称得上善用智了。

别让谋略成为自己的圈套

与人交往，需要讲究一点策略、谋略。否则，总是被人欺。在这个社会里，吃亏的总是老实人。

但若为人太过于斤斤计较，什么事都玩花招，都使计谋，到头来吃亏的还是自己。因为谋略既是为别人设置的圈套，也可能把自己套进去。

周瑜为了打败刘备，使用美人计，派人给刘备说媒，劝刘备到东吴招亲。刘备怕此事有诈，诸葛亮却大笑说：“周瑜尽管善于用计，但他岂能逃过我的神机妙算？主公但去无妨。”诸葛亮给了刘备三个锦囊，内藏三条妙计，让随同前去的赵云装在身上。结果，刘备不仅娶了孙权的妹妹，而且将东吴的兵将打得落花流水，这就是周瑜“赔了夫人又折兵”的故事。

要善于运用谋略，就需要把握谋略的特点。

谋略有针对性。所有的谋略都有其适用范围，都是针对某人或某事而进行的。超出其适用范围，谋略就不能称之为谋略，而成为什么都不是的空想幻想。继续按这样的谋略去行事，失败是必然的。中国历史上最著名的谋略家姜子牙，其智慧可以保证周朝880年的天下。但如果他去做生意，可能连一担面粉都卖不出去。

谋略有时间和地点的局限性。谋略总是具体的，总是在特定的时间结合特定的场合，由特定的人针对特定的事才能起作用。否则，难免失败。拿破仑是世界上传奇式的军事家，很会用兵。在一战中，法军效仿拿破仑的用兵之法，“除攻击之外不知其他”，但当时机关枪已盛行，一味进攻的法军在敌军的机关枪面前大吃苦头。二战中，法军汲取“教训”，把取胜的希望全都寄托在呕心沥血构筑的号称固若金汤的马奇诺防线上，但狡猾的德军则避开锋芒，从防线背后绕过去了。做人的灵活，就是要相机而动，随时而发，拘守于预先的谋略，只会给自己制造麻烦和失败。

做人也是这样。要讲究谋略，要善于运用谋略，但不能把成功的希望全部寄托在谋略上。

从正道求福缘

富与贵，重不重要？孔子的看法是，富与贵很重要。他曾感慨地说：自从季孙氏送给我优厚的俸禄，朋友们更加亲近了；自从南宫顷叔送给我马车，我的仁道更容易施行了。所以，一个人坚持的道，遇上时机才会受到重视，有了权势然后才能推行。没有这两个人的赏赐，我的学说几乎成了废物。

孔子既然认为富贵重要，他也确实有很多得到富贵的机会，为什么他不肯迁就自己求得富贵呢？因为他认为，富贵虽然重要，但没有他信奉的“道”重要。他认为：“富与贵，是人之所欲也，不以其道得之，不处也。贫与贱，是人之所恶也。不以其道得之，不去也。君子去仁，恶乎成名？君子无终食之间违仁，造次必于是，颠沛必于是。”（选自《论语》）意思是说：富与贵，这是人人盼望的，不能用正当的方法得到它，就不接受。贫与贱，这是人人厌恶的；不能用正当的方法抛掉它，就不逃避。君子抛弃了仁德，怎样去成就他的声名呢？君子就连一顿饭的工夫也没有离开过仁德，就是在仓促匆忙的时候也一定和仁德同在，就是在颠沛流离的时候也一定和仁德同在。

因为孔子强调“以道得之”，所以，在机遇面前，他宁可选择道义而抛弃富贵，这正是他人格伟大的地方。

一般人经常权衡职业是否“高尚”，如果是“低贱”的工作，即使很赚钱也不干。如果要他去捡垃圾、擦皮鞋，他宁可喝掉一大瓶农药。孔子对职业却不抱成见。他曾说：“富而可求也，虽执鞭之士，吾亦为之，如不可求，从吾所好。”只要能正当致富，拿着马鞭赶马车他也干。如果不正当，请他当官也不干。

《说苑》曾说：没有地位没有钱，不是贤士的耻辱，品格不突出，才是贤士的耻辱。贤士并不是喜欢死亡厌恶生存，也不是厌恶富贵喜欢贫贱，按照正当的方式，尊荣富贵落到自己身上，贤士也不会推辞。

这段话，体现了儒家富贵观的精髓。

儒家所谓正当，主要是一种自我要求，不完全是法律与道德的规范。通常来说，儒家的自我要求高于社会行为规范。它对于“正当”的富贵，有如下三个要点：

1. 无功不受禄。对别人有贡献，接受别人的报酬，这是公平的；无功而受惠，在贤士看来不是正道，不屑于接受。

有一次，孔子去见齐景公，齐景公想把禀丘这个地方送给他。孔子辞谢不受。出来后，他告诉学生们说：“我听说君子有功才受禄，现在我游说齐景公，他不接受我的主张，却把禀丘送给我，他真是太不了解我了！”于是辞别景公走了。

孔子的做法可能让人想不通。其实类比一下就不难理解。假设儒家思想是一种精神产品，孔子上门推销，如果人家接受产品又照价给钱，这是正常交易，孔子肯定很乐意。人家不要产品却给钱，这显然不是正常交易，有的人可能乐意，孔子就不做这种无本万利的交易。

2. 烫手的钱不拿。用违反法律道德的方式赚钱，可能受到惩罚和谴责，这明显是烫手的钱，贤士肯定不拿。有的钱虽然没有违反法律道德的嫌疑，却隐藏着难测的风险，贤士也是不拿的。比如，贤士列子住在宋国时，非常贫穷，家里人都饿得面有菜色。有人劝宋国国君接济列子，国君就派人给列子送去一些粮食，列子却坚决不受。他的妻子很不理解，他解释说：“国君既然能够凭借别人的评价来馈赠我，他今后也可能根据别人的评价来加害于我。如今我不接受他的馈赠，就是为了表明自己独立的立场呀！”

3. 损害人格的事不干。君子不害怕贫穷，但害怕丧失自己的独立人格。曾参住在鲁国时，家里贫穷，每天穿着破旧的衣服，耕田种地。鲁国国君为了笼络他，派人送给他一块封地，说：“请用封地的收入为您添置衣服吧！”

曾参不肯接受。使者反复来了好几次，他还是不肯接受。

使者劝道：“先生没有向人家要，是人家主动送给您的，为什么不肯接受？”

曾参说：“我听说，接受别人的东西，就会怕人；馈赠别人东西，就会轻视人。即使他送给我东西却不轻视我，我怎么能不怕呢？”他到底还是没有接受封地。

孔子听说这件事，夸道：“曾参的话，足以保全他的人格。”

曾参不接受馈赠，为什么能保全人格呢？俗话说：吃人的嘴软，拿人手短。接受了国君的馈赠，对国君施行的不合理政策就不好意思批评了，对国君提出的不合理要求就不敢拒绝了。这就丧失了独立人格。对君子来说，这是不可思议的事。

人生好比行路。我们知道，要想到达目的地，最好是循着宽广平坦的大路而行。走所谓“捷径”，未必能节省时间，反而容易遭遇危险。我们追求成功也是这样，最好走大路，不要走“旁门左道”。

当然，现代的情况跟古代不同了，现代人追求成功，方式方法也可能跟古代有所区别。但以上三条仍然是现代人可行的正路。除此之外，还有一条大路：创新。这是现代人最好的成功之路。

一言一行皆有学问

子夏是孔子的贤弟子之一，他说：“贤贤易色，事父母能竭其力，事君能致其身，与朋友交言而有信。虽曰未学，吾必谓之学矣。”其意是说：敬重贤人，孝敬父母，忠于职守，诚信待人，这种人哪怕没有读过书，我也要说他有学问。

有的人毕业于名牌大学，不一定有学问；有的人从未进过学校的门，不一定没有学问。这并不是说读书没有用，而是说光读书还远远不够。因为很多做人的经验、办事的技巧不是课本上能够学到的。

尤其是做人的学问，对许多只会读书的人来说非常欠缺。因为现在的教育体制主要向学生传授知识和技能，在如何做人方面关注不够，即使毕业于名牌大学，将来走上社会，仍然会面临很大的问题。因为知识技能仅仅是应用工具，做人的学问却能告诉人们如何合理运用这些工具。好比一辆车，尽管它很豪华，很漂亮，如果司机驾驶技术不好，不懂交通规则，难免不出车祸。那还不如骑一辆破自行车稳当呢！所以说，做人是天下第一等大学问。

如何做人呢？按子夏的说法，能做到敬重贤人、孝敬父母、忠于职守、诚信待人，大概也差不多了。

敬重贤人有什么好处呢？能够体现谦逊做人的风度和教养，能够赢得他人的尊敬。在生活中，很多人瞧不起那些才能高、品行好的人，这恰恰暴露了自己不辨贤愚、狂妄自大的毛病。懂得敬重贤人，至少能证明你心有天平，懂得好坏，这已经足够让人肃然起敬了。

春秋时，魏文侯乘车从贤士段干木居住的巷子前经过时，站起来，双手扶着车前的横木行礼。随从奇怪地问："您无缘无故行什么礼啊？"

魏文侯说："我是在向段干木致敬啊？我听说，段干木把操守看得比什么都重要，即使拿我的君位交换他的操守，他也绝不会同意，我又怎敢对他傲慢无礼呢？段干木在德行上显赫，我只是在地位上显赫；段干木在道义上富有，我只是在物质上富有啊！”

随从挺纳闷，你的态度再恭敬，人家也看不见啊！魏文侯说：“他看不见没关系，我却不能不表达我的心意。”

魏文侯还经常赠送礼物给段干木。但段干木不肯接受，他也不勉强，以示对段干木人格的尊重。魏国人听说魏文侯礼遇段干木，都十分高兴，还写诗颂扬这件事。

后来，秦王想出兵攻打魏国，司马唐劝谏道：“段干木是有名的贤人，而魏文侯礼敬他，天下没有人不知道。我们攻打魏国，会遭到唾骂啊！”秦王就取消了进攻魏国的计划。

这就是尊重贤人的好处。你的行为不但让人欣赏，也能自然而然地让他人将你归入贤人之列。

孝敬父母有什么好处呢？父母是自己最大的恩人，不孝敬父母，岂不是忘恩负义吗？一个忘恩负义的人，怎么能得到他人信任和帮助呢？而且，父母血脉连，是最关心自己、疼爱自己的人，也值得自己全心关爱啊！

很多人开始忙于事业，忽略了父母亲情，等到父母不在了再来伤心痛悔，不是太迟了吗？

孔子的学生子路认为，孝敬应该及时，不要等候将来。他说：背着重东西走远路的人，想休息不挑选地方；家里贫穷、父母年老的人，找工作不挑选待遇。从前，我侍奉父亲时，自己吃粗粮野菜，却替父母到百里以外的地方背米。双亲去世后，我到楚国去做官，跟随我的车子有一百辆，积累的粮食有上万钟，软褥子叠起来坐，饭菜摆满了桌子。这时候，我希望再回到那种吃粗粮野菜、为双亲背米的日子，已经不可能了。用绳索串起的干鱼，能保存多长时间不被虫蛀？双亲的寿命，就像阳光透过门缝，转眼就去了！草木想要继续生长，霜露却不给予机会；儿子想要侍奉父母，双亲的寿命却不能等待。所以说：家里贫穷，父母又年老了，做儿子的不管待遇如何也该外出工作啊！

忠于职守有什么好处呢？在绝大多数领导者眼里，一点忠诚胜过更多智慧。一位大师说："假如把智慧和勤奋看作金子那样珍贵，那么，比金子还珍贵的就是忠诚。"

但是，忠诚绝不等于"愚忠"。孔子和他的弟子们对"忠诚"二字的理解是尽职尽责，该说的话说了，老板不听从；该做的事做了，老板不认同，那是老板的问题，跟自己没有关系。

曾子曾经居住在鄪国，跟鄪君的关系很好，经常提合理化建议。但鄪君贪图享乐，不肯听从。有一年，鲁国将要攻打鄪城，曾子就向鄪君辞行说："我要暂时离开，等敌人走了再回来；请帮忙照看一下我的房子，不要让猪狗进去。"

鄪君不高兴地说："我一向善待先生，没有人不知道。现在鲁国人要来攻打我，您却要离开我，我为什么还要帮您照看房子？"

过不久，鲁国人攻占了鄪城，并公布鄪君十条罪状，其中九条是曾子平日跟他争论过的。鄪君意识到，责任确实在自己，曾子对自己已经仁至义尽，不能怪他。所以，鲁国军队撤走后，鄪君修好曾子的房子，亲自去迎接他的到来。

这就是曾子对于"忠"字的理解，他虽然强调"事君能致其身"，却不愿意让自己的性命糟蹋在老板的愚蠢手里。后来以儒学为纲的封建王朝，要求臣子绝对服从、绝对效命，显然是篡改了孔门绝学。我们现代提倡忠诚，只要做到曾子这样就可以了，不必"愚忠"。

诚信待人有什么好处呢？颜回曾向孔子请教“怎样才能立身”，孔子的回答是：谦恭、尊重、忠诚、守信，可以立身。保持谦恭就能免于受众人所忌；尊重别人就会受到别人爱戴；待人忠诚就能得到别人的帮助；坚守信用别人就会依赖你。有人爱戴你，有人帮助你，有人依靠你，你一定能免除祸患。这样的人可以治理国家，何况安身立命呢？从孔子的话中，我们可以得出一个结论：诚信是立身之本。

第二章

锋芒毕露非好事，低调内敛真英雄

错在明处，改在当时

每个人都会犯错误，但犯错误的方式和对待错误的态度不一样。小人错在暗处，他知道这样做是错的，只要能掩人耳目，就毫无愧疚地去做。由于是知错犯错，若非为势所迫，决不会认错，更不会改错。君子错在明处，他做错了，是因为不知道这是错的，当他意识到错误，马上就会改正。正如子贡所说："君子之过也，如日月之食焉：过也，人皆见之；更也，人皆仰之。"（《论语》）君子的过错就像日食和月食一样，因为错在明处，别人都看得见；当他改正错误的时候，别人都敬仰他知错就改的品格。

孟子也有类似的说法："古之君子，其过也，如日月之食，民皆见之，及其更也，民皆仰之；今之君子，岂徒顺之，又从为之辞。"（《孟子》）他这样说，是以古非今：古代君子，都是真君子，错在明处，改在当时。现在的君子都是伪君子，不仅知错犯，还要为自己的错误狡辩。

其实，无论古代现代，都有真君子也有伪君子。真君子担心自己好人做得不够好，玷污了自己的德行，视错误如恶疾，急欲治愈之；伪君子担心自己坏人做得不够聪明，被人揪住尾巴，视错误为手段，有利则用。一旦被人识破，就狡辩不已，只求脱身。

如何做一个真君子呢？有两个要点：

1. 勿以大错掩盖小过

人非圣贤，孰能无过？犯点小错，并无大碍，如果刻意掩盖，可能铸成大错。所以做人要知轻识重，不要做以大错掩小过的糊涂事。

宋真宗时，鲁宗道在朝为官。有一天，宋真宗有急事找他，便派中使到他家去宣召。鲁宗道刚巧陪客人上街喝酒去了，中使在他家等了很久。鲁宗道回来后，中使说："皇上肯定等急了，会发脾气的，你打算怎么向皇上解释呢？"

鲁宗道说："照实说呗！"

"你因为喝酒而耽误皇上召见的大事，不怕皇上怪罪你吗？"

"陪朋友喝酒，是人之常情，不为大过！向皇上撒谎，却犯了欺君之罪。我有必要隐瞒小过而犯大过吗？"

当中使将鲁宗道的话向宋真宗如实汇报后，宋真宗很高兴，非但没有怪罪鲁道宗，反而夸他识大体。

在生活中，许多人担心受到责罚，极力掩盖过错，这可能错上加错。比如，上班迟到了，本来是睡过头了，他却谎称堵车。迟到是小事，不诚实却是大过。工作失误了，不找原因，先找理由，极力辩称自己无错，甚至把责任推诿到别人头上。这并不能掩盖过错，反而让老板看出他不负责任的态度。工作失误只是小过，不负责任却是大过。老板会重用一个不诚实、不负责任的人吗？答案不言自明。

2. 发现错误就立即改正

改正错误不如不犯错误，但坚持错误又不如改正错误。意识到错误后，最好立即就改，不必等到明天或后天。这是明智的做法。

春秋战国时，韩武子率众打猎，野兽已被赶在一起，围猎的车子已经合拢，眼看就能收获大批猎物。这时，信使忽然来报告说:“晋国的国君去世了。”

按照礼仪，韩武子应该去吊唁，但他舍不得眼前的猎物，就对栾怀子说:“你也知道我喜欢打猎，现在，野兽已被赶在一起，猎车已经合拢，我还是打完猎再去吊唁吧！”

栾怀子含蓄地回答说:“范氏灭亡的原因是顺从的人太多，批评的人太少。现在，我是顺从您的人，蛊才是批评您的人。您为什么不去问问蛊呢？”栾怀子所说的蛊，是韩国一个敢于直谏的大臣。

韩武子明白了栾怀子的意思，说:“您是想批评我吗？您想批评我就直说好了，何必要问蛊呢？”于是，他马上停止打猎，去吊唁晋国国王。

在生活中，我们并非意识不到自己的错误。困难在于每个人都有坚持错误的冲动。但杰出人士能克服这种冲动，知错就改。这就等于做了一件正确的事。

有人说:“人非圣贤，孰能无过。”说这话是把犯错的人当君子，安慰安慰他，免得他心里难受；也为了劝慰那些有权力惩罚错误的人：他知道错就算了，不要太难为他吧！不料，有的人用这句话安慰自己：反正谁都会犯错，我犯错有什么不可以呢？于是有错就犯，坚决不改。这就不像话了。做人还是少犯错为好。万一不小心犯错，还是改了的好。这么简单的道理，根本用不着搬出圣贤的理论就能证明，又何必强调犯错的合理性呢？

不要撒下仇恨的种子

老子说:“和大怨，必有余怨。”(《道德经·第七十九章》)意思是说：和解了大的仇怨，难免还有余恨在心。

这个道理，好比割肉成伤，伤好了，伤疤还在。所以，化解大怨并不是最好的方法，最好的方法是不要结怨，否则就可能给自己招灾惹祸，春秋时的曹共公就是一个最好的例子。

晋公子重耳逃亡到曹国时，曹共公不愿意接待他。大臣僖负羁劝他说，重耳的眼睛有两个瞳仁，肋骨连为一体，这是“贵相”，值得结交。曹共公一听，顿起好奇之心，想看看重耳的瞳仁和肋骨到底长成什么样，马上下令接待。

重耳被安排住在旅馆里，接待人员只给他送上一碗白饭，连一碟小菜都没有。重耳受到怠慢，很生气，没有吃。接待人员又安排他洗澡。重耳奔波多日，风尘仆仆，遂欣然同意。正洗着，房门突然大开，曹共公带着几个宠臣走进来，嘻嘻哈哈地指点着重耳的肋骨，大发议论。重耳又羞又恼，但人在矮檐下，不得不忍气吞声。

僖负羁建议曹共公厚待重耳，未被采纳，回到家里，闷闷不乐。妻子问他为什么不开心，他说出了原因。妻子劝他说：“我早听说，重耳有万乘之主的气象，他身边的随从，都是将相之才。现在他们在曹国受到侮辱，将来一旦得势，一定会报复。您若不提前结交，将来一定要跟着倒霉。”

僖负羁听从夫人的劝告，连夜派人给重耳送去饭食和珍宝。重耳吃了他送来的饭菜，却把珍宝退了回去。僖负羁更加佩服重耳的人格。

后来，重耳结束流亡生涯，当上晋国国君。即位三年，他就出兵灭掉了曹国。曹共公及其亲信大臣基本被杀光，只有僖负羁安然无恙。

这个曹共公为了满足一点可怜的好奇心，竟然不惜得罪一国王子，真是愚不可及。僖负羁知道做人要留余地的道理，事先化解了怨恨，可谓深得自保之道。

在生活中，结怨的一个主要原因是利益竞争，这是没有办法的事，但在竞争过程中，自己求生存、求发展的同时，也该给别人留活路，否则就可能招致激烈的反击。

战国时，范雎在魏国大夫须贾门下当家臣，以才华闻名诸侯。有一次，他陪同须贾出使齐国，齐襄王赠他黄金美酒表示厚爱，却对须贾很是冷落。须贾心里又嫉妒又气恼，回国后向相国魏齐进谗说：范雎里通外国，泄露国家机密，希望相国以国家大局为重，尽早将其除掉。

范雎被魏齐抓起来，严刑拷打，打得齿落骨折。范雎装死，须贾命人往他身上淋小便，然后抛尸荒野。范雎忍着身体伤残，逃到秦国，化名张禄。当时秦王正在广揽天下英才，范雎因才华出众，被聘为相国。

秦王采用范雎的“远交近攻”之策，欲派兵攻打韩、魏。韩王急忙整军备战，魏王被吓得不敢上朝。相国魏齐按魏王的意思，派须贾出使向秦国求和。

范雎听说是须贾来秦，就打扮成乡野村夫的模样，穿上破烂衣服，将头发弄乱，在脸上抹了些土，顺着小道，直奔须贾歇息的馆驿。须贾倒还认得他，笑问：“莫非你是来秦国讨官做的？”

范雎假装惨然一笑：“我得罪魏国宰相，侥幸逃到这里，哪里还敢再去做官？”

须贾问：“你在秦国，以何为生啊？”

“不过是在相国张禄家里扫院子，勉强糊口罢了。”

须贾认为，只有秦相张禄可以说服秦王，就请范雎引见。他却不知眼前之人就是张禄。

须贾来到张府，范雎早已换了一副样子，身着绸缎衣服，威严地坐在堂上。须贾这才明白是怎么回事，想逃走却来不及了，早就被卫兵团团围住。范雎冷笑道："当日你诬蔑我里通外国，今日我以其人之道还治其人之身，也让你尝尝蒙冤受屈的滋味。我问你，你私闯相府，到底想干什么？"

还不等须贾喊冤，范雎便叫人打了他一百大板，又喂他吃了一筐草料。须贾被整得气若游丝，差点丧命。范雎见报仇的目的已达，便请大夫替须贾医治，然后请秦昭王率兵攻打魏国。

须贾因为嫉妒心理作怪，不惜违背天理良心，下狠心伤害自己的部下，最后给自己招来了灾祸，难道不是报应吗？

先算账，后发火

程颢也是宋代著名理学家，是程颐的哥哥，世称"二程"。程颢认为，在人的各种情绪中，最难克制的是怒气。他说："夫人之情，易发而难制者，惟怒为甚。"（《程氏遗书》）怒气很容易发作，又很难制伏，所以最难对付。

怒气一旦发作，对他人的伤害力极大。因为这时候有一泄为快的冲动，凡事易走极端，什么手段最容易伤害对方，就用什么手段，根本不考虑后果。

"布衣之士"发怒还好一点，"流血五步"而已，如果是权势人物发怒，可能造成"伏尸百万"的结局。

春秋时，楚国卑梁与吴国交界。两国边民相互往来通婚，关系很友好。有一天，一群姑娘们在一起劳作、娱乐，一位吴国姑娘不小心弄伤了一位卑梁姑娘。这本是小事，卑梁姑娘的父亲却不服气，带着女儿去吴国姑娘家里评理。吴国姑娘的父亲非但不道歉，态度还很不友善。卑梁人一怒之下，将他杀了。

当地的吴国人闻讯后，群情激愤，你呼我唤，邀集了一大群人，越过边境，将卑梁姑娘一家人都杀掉了。

卑梁的地方长官听到这个消息，大怒，亲自率领兵马，将这个村子里的吴国人杀得鸡犬不留。

吴王得到报告后，十分震怒，马上派大军进攻卑梁，并把它夷为平地。

自此，吴楚两国展开了旷日持久的战争，互有胜负。最后，吴国的公子光率领大军在鸡父与楚军主力决战，大获全胜，乘胜攻占楚国的郢都，俘获了楚平王的夫人，把她带回了吴国。这场战争总算告一段落。日后双方还进行过多起战争，当年埋下的仇恨很可能也在其中起了一定作用。

一件鸡毛蒜皮的小事，居然导致多人死亡、两国成仇、国母受辱，这笔账怎么算都划不来。可是，当初怒气发作的时候，谁会去算这笔账呢?

假如一个人能克制自己的怒气，就很少做后悔之事了。正如程颢所说:“第能于怒时，遽忘其怒，而观理之是非，亦可见外诱之不足恶，而于道亦思过半矣。”意思大致是说：只要能在愤怒的时候，能够让怒火顿然熄灭，而审度道理的对错，就会发现，诱发怒火的事情，其实没有那么坏，没有那么讨厌，没有那么可恶。这时候，差不多也能做出正确反应了。

问题是，愤怒的时候，怎样才能“遽忘其怒”呢？要先算账再发火，不要先发火再算账。先把火气发出来了，到最后才来算账，往往越算越后悔。不如在火气发出来之前，先把账算一算：如果我这样做，会有什么好处呢？会有什么坏处呢？如果我不这样做，会有什么好处呢？会有什么坏处呢？如果我什么都不做，会有什么好处呢？会有什么坏处呢？这样算账，不一定能算得一清二楚。但你能想到要算算账，头脑已经冷静下来了，就不会做那种后悔莫及的事了。

你的面貌就是最美的景物

容貌，是与生俱来的，是父母给的。有的人漂亮，有的人丑陋，也有的人，既不美丽，也不丑陋，属于中等的那种。

一个人的容貌本来也没什么，可是人是一种追求完美的高级动物。况且，人还有意识，总希望自己眼前的东西能够“赏心悦目”，因此容貌的美丑就极为重要了。

其实很多人都承认，无论容貌好与坏，带给人的烦恼往往是一样多的。

容貌美丽者有容貌美丽的烦恼，容貌平平者有容貌平平的烦恼。其实，大家都应该欣赏自己的容貌，没有烦恼的必要。英国文学家兰伯曾说过：“人的面貌是世界上最美的景物。虽然它只是一个小小的椭圆体，只有几英寸见方的面积，可是外形也好，神采也好，都是如此生动。”

我们过去是怎么样的，现在又是怎么样的，以及我们的长处和短处如何，都在我们脸上那千百条皱纹中表露出来。脸的轮廓、表情，就是一个人心灵的真实写照。

因而，人们常说，可以从一个人的面部了解这个人的性格等等。

在都市的大街上，我们可以看到千万张脸，在每一张脸的背后，都有一段故事，它也许是可喜的，也许是可悲的。有的极痛苦，有的很忧郁，有的十分和善，有的神采奕奕。我们说的话有好多语调，怎么样的心情就会用怎么样的语调说话。同样的，我们也有好几副脸孔，在团体中是一副怎么样的脸，在街上走又是一副什么样的脸，做生意又是另外一副脸。在怎么样的性情下，就会有怎么样的脸孔。

伦敦有一份报纸，说过这样一个故事：

有一个人，早年失明，后来突然恢复视力，重见天日。他说，这个世界同他的想象似乎不同，特别是人的面孔。因为以前他只听到过他们说话的声音，可是现在当他看到说话的那个人的脸时，觉得那张脸似乎同说话的语调不相称。使他感到最惊奇的是人们脸上所表露出来的那种渴望、疲倦、忧虑的表情，好像他们都被恐惧和悔恨的情绪所击倒，很少见到快乐、平安的脸。人们都觉得人生很艰苦、很沉重、充满忧愁，仿佛他们对这些都已厌倦。在他眼睛瞎的时候，虽然看不见东西，但心里却是快乐的。

有一份报纸曾经刊登了一则短讯。它记载有一个摄影师，他的那架照相机至少替 4 万人照过相。在谈话中，他谈到许多关于人的脸，以及人脸如何转变的话。他开照相馆很多年，也替人家照过不知多少相。其中有些人后来还成为名人。他说，他从来没有看到过一张脸特别丑，邪恶的脸更少。

假使我们仔细观察人的脸，看到深处，就不止看到其轮廓和美丑，还能看到这个人的精神和性格，因此我们常常能看到他许多可爱可喜的东西。

有一次，一位爵士到这家照相馆来照相，他对摄影师说："我的脸很不好看，你尽量照得漂亮些，可是不要抹除我脸上的皱纹，这是我活了这么多年才获得的！"每一个人脸上的皱纹都是这样得来的，不管这皱纹是温柔，还是严酷，或者像美国幽默大师马克·吐温的脸一样，纵横交叉，布满困惑。

这位摄影师说，外貌如何，一个人自己做不得主，可是表情却是我们自己的。我们的脸在人家眼里看来是快乐，是忧伤，都得由我们自己负责。如果哪一天一个人脸上满是忧伤慌忙的颜色，那么这一天他便可能虚耗过去，毫无成就。相反地，如果表情坚毅、温和，这一天就能带来幸福。

菲利浦·伯洛克斯牧师，一直住在美国依阿华州的一个小镇上，他在那里住了好多年了。后来他退休了。有一份报纸建议：这个小镇可以照样给他一份薪水，只希望他每天挂着那一丝来自天国的微笑，在街上来回走一走。

一张单纯而善良的脸，对旁人有多大的贡献啊！

忠言不可超过三遍

有一次，子贡向老师请教交友之道。孔子说："忠告而善道之，不可则止，毋自辱焉。"意思是说，朋友有错，要耐心提出忠告，并用恰当的方式加以引导。他不肯听的话就算了，不要自取羞辱。

孔子的话，好像蛮滑头的样子，忠告说出来了，你爱听就听，不爱听拉倒。这是对朋友负责的态度吗？其实啊，很多时候，不是我们想不想负责的问题，而是别人想不想要我们负责的问题。打个比方，我想成为公司负责人，对全公司负起责来，人家能答应吗？我强行负责，还不等于"篡党夺权"？同样的道理，我想对朋友负责，他却不想要我负责，我何必喋喋不休呢？

有人说："良药苦口利于病，忠言逆耳利于行。"这话的确不假。但是，谁爱苦药呢？小孩常把吃苦药当成虐待，大人常把逆耳忠言视为人身攻击。所以，进“忠言”的结果常常是“好心没好报”。

那么，朋友或上司有错，该不该进“忠言”呢？应该！眼睁睁地看着别人往陷阱里跳，却不伸手拉一把，是说不过去的。关键要把握好进“忠言”的度，这个度就是孔子所说的“不可则止”：把自己的观点说出来，对方不愿意听，就闭上嘴巴。

如何确定“不可”呢？汉朝刘向的《说苑》里提出了一个进言的尺度：君王有过失，是危亡的先兆；看见君王有过失却不劝谏，是不顾君王的危亡，这是忠臣不忍心做的事。劝谏三次不被采纳就要离开，不离开就会有送命的危险。轻易送命是仁人不愿做的事。

也就是说，如果领导的问题很严重，下属要劝谏三次就算尽到了责任，如果领导听不进去，就不要再说了，以免激怒领导，给自己带来危险。劝了三次对方还不肯听，说明已经铁了心了，不必再劝了。

三次则止的原则既适用于劝谏领导，也适用于劝说亲人、朋友。这里所说的“三次”，只是一般而言。对某些固执己见、独断专行的人来说，劝他一次也是多余。比如，隋炀帝曾对大臣宣称：“我天性不喜欢听相反的意见，所谓敢直谏的人，都自说其忠诚，但是我最不能忍耐。你们如果想升官晋爵，一定要听话。”遇到一个这样的主，不妨把所有的忠言都锁进保险箱，以免给自己招灾惹祸。

对朋友也是这样，有时劝说一次也是多余。如果他铁了心，什么都不必说了，说了也是白说。

湖南才子王湘绮是曾国藩的幕友，当曾国藩率领湘军在前方作战，开始露败象的时候，王湘绮想请假回家。有一天晚上，曾国藩因事去找他。看见他正坐在房里专心看书，就站在后面不打扰他。差不多半个时辰，王湘绮还不知道，曾国藩又悄悄退回去了。第二天早上，曾国藩就送给王湘绮很多钱，诚恳地安慰一番，让他立刻回家。有人问曾国藩，为什么突然把王湘绮打发回去？曾国藩说：王先生去志已坚，无法挽留了，何必勉强呢？那人又问，何以知道王湘绮去志已坚？曾国藩说，那天晚上去王湘绮屋里，他正在看书，可是半个时辰没有翻过书。可见他的心思不在书上，在想疑难问题。这时候的疑难问题无非是回不回去罢。所以，还是让他回去的好。

跟朋友打交道，过分的要求或劝告，次数多了，对方就会恼羞成怒，朋友的交情就没有了，变成冤家了。所以，不如及时闭上嘴巴。

假如对方是我们非常重要的人，我们必须让他接受正确意见，又该怎么办呢？那就要"善导之"，用恰当的方式让他看清利弊。对此，我们要把握三个原则：

第一个原则是：多说顺耳忠言，不要贬低对方。我们说忠言之前，先以甘言冲淡其刺激性，肯定对方的优点，然后再说规劝的话，人家也就容易接受了。

《菜根谭》说："攻人之恶毋太严，要思其堪受；教人之善毋过高，当使其可从。"在任何时候，我们都要顾及对方的自尊心，不能因为自己的意见是对的，就理直气壮地坦率陈言。比如父母对孩子说："你看隔壁的小明，又勤快成绩又好，你咋不学学人家呢？"又比如妻子对丈夫说："你瞧人家大刘，房子有了，车子有了，票子也有了，你有什么呢？"像这样的所谓"忠言"，不论是大人还是小孩，都是听不进去的，说了不如不说。

第二个原则是：让对方明白你的好意。你说忠言，到底是为了贬低他抬高自己，还是为他好？他也许并不明白。所以，要设法让他感受你的好意。此外，讲话态度一定要谦和诚恳，用语不能激烈，否则对方以为你在教训他；也不必过于委婉，否则他会认为你惺惺作态。

第三个原则是：选择适当的场合。原则上讲，最好避开第三者，以一对一方式进行，以免让对方产生当众出丑的感觉。

把握了以上三个原则之后，还要讲究劝说的技巧。总之，经营人际关系要有耐心，不能全依自己的想法来。尊重别人的想法，关心别人的感受，这是经营人际关系的要点。

想胜人一筹，先低人一等

老子说："知其雄，守其雌。"意思是：知道什么是刚强，却谨守着柔弱。老子又说："知其荣，守其辱。"也就是说，知道什么是荣耀，却谨守着屈辱。

老子这两句话，值得那些生活在社会底层却胸怀大志的创业者用来做座右铭。创业是一个艰难漫长的过程，不可能马上改变弱势地位并受到尊重。但是，只要你不放弃努力，终有一天，你能满怀豪情地拥有属于你的光荣。

对一个创业者来说，要想将来胜人一筹，先要学会"低人一等"。我们不妨观察一下那些已经站在人生金字塔上的人，在他们的成长过程中，一定有过坎坷的经历，一定尝过受人轻视的滋味。只不过，他没有因为前途坎坷而止步不前，没有因为受人轻视而自暴自弃。他们不甘现状，比常人付出了双倍努力，最后才攀上人生巅峰。

美国"汽车大王"亨利·福特的成长经历，就是一个很好的例子。年轻时，他应聘到一家汽车公司当修理工。领到第一个月薪水后，他决定去餐馆好好吃一顿，为自己的就业成功表示祝贺。正好路边有一家豪华餐馆，他便走进去，坐在餐桌边，像个绅士似的，安安静静地等侍者来为他服务。没想到，他坐了整整一刻钟，没有一个侍者过来搭理他。这也难怪，他身上那件有些油污的工作服泄了他的密，人家觉得稍稍怠慢他一下，虽然不应该，也不是不可以。

福特等得不耐烦了，终于顾不上风度，用手在桌子上重重敲了几下。

一位侍者走过来，不冷不热地问："先生，你好像想要点什么？"

福特点点头。

侍者递上菜单，然后歪着头，冷漠地望着上面的天花板。福特一门心思钻研菜单，没留意到侍者的脸色。菜单的左边是菜名，右边是价格。福特发现，越是他想吃的菜，价格越是贵得离谱。这时，侍者不耐烦了，建议他说："不用看得太详细。你只需看右边的部分，左边的部分就不必费神去看了！"言下之意：你只配挑选一个比较喜欢的价格，没有资格挑选比较喜欢的菜。

福特惊愕地抬起头，看到了侍者脸上的嘲笑、冷漠、轻蔑和厌烦。他心里的火气腾地升上来，真想将口袋里的薪水全掏出来，点一道最贵的菜，好证明自己并不是一个穷光蛋。但他很快冷静下来，心想：别人轻视我，并非毫无道理。我本来就是一个穷光蛋，他不过实话实说而已！我希望得到别人的尊重，除非我真的值得别人尊重。

于是，他合上菜单，平静地说："请给我来一份汉堡包。"

侍者从鼻孔里发出一声冷笑，那意思似乎在说：我早知道你不过点一份汉堡包而已！

福特毫不理会。吃完汉堡包，他就立下了一个志向：成为一个真正值得别人尊重的人。

后来，福特果然成为一个值得全美国乃至全世界尊重的人。他生产出了价廉物美的T型车，使美国人人买得起小汽车。因此，他被誉为“把美国带到汽车轮子上的人”。

当一个人身处穷贱时，受到某些人的轻视几乎在所难免。假如任何人都可无条件地享受到尊荣，谁愿意流血流汗、追求出人头地？对一个有志者来说，别人的轻视就像一条鞭子，能驱赶他努力提升自己，向人生目标进发。

对一个身处穷贱的创业者来说，受人轻视还是次要的损失，不过使自己一时心情不愉快而已。有时候，还要受到不平等对待，不仅影响心情，还会使物质利益受损。在这种情况下，强求公平往往是不明智的，只有咬紧牙关，以弱图强，才有可能在夹缝中抓住发展的机会。

俗话说：“客大欺店，店大欺客。”这种现象，无论古今中外都在所难免。强势的一方，必然占有主动权，并分享更多的权力和更多的利益。弱势的一方，必须委曲求全。因此，明智的人不会将平等作为一个先决条件，他首先考虑的是这样做是否对自己更有利。从利益角度看问题，并非总是正确，但至少不会错得太远。

孔子的三项看家本领

孔子说：“不知命，无以为君子也；不知礼，无以立也；不知言，无以知人也。”（《论语》）意思是，不知道命运的规律，就不配做君子；不懂得礼仪，就无法立身处世；不善于说话，就无法了解别人。

为什么说“不知命，无以为君子也”呢？人生有顺有逆，这是“命”，有的人不知道这是“命”，顺境时得意洋洋，无限看高自己，自以为无所不能；逆境时灰心丧气，一味看低自己，自认为一无是处。这就失去了君子风度。

如果“知命”，上山时能想到下山的结局，涨潮时能想到落潮的必然，在事业顺利时，就不会有虚骄之气。不利时能想到有利的变化，困境中能想到顺境的到来，在事业受挫时，就不会有颓废之气。这不是君子的风度吗？

为什么说“不知礼，无以立”呢？在孔子时代，“礼”是一个笼统的概念，包括礼仪、礼貌、礼法等一切行为规范。“礼”是用来调理人际关系，如果“不知礼”，放纵自己的行为，会对别人造成不便，会引起别人的厌恶和痛恨，一个这样的人，走到哪里都行不通，必然到处受挫，又如何立得住身呢？一旦触犯刑律，还有身陷囹圄、命丧黄泉的危险。

孔子本人是一个特别懂“礼”也特别讲“礼”的人，“礼”已经渗透到他的一言一行之中，变成了他终生不变的习惯，甚至可以说是他生命的一部分。无论遇到什么人、什么事，他都能很自然地做得恰到好处。

他是如何讲“礼”的呢？比如，他乘车出门，遇到二人以下，他会站在车上行礼；遇到三人以上，他就会下车行礼。“升车，必正立执绥。车中，不内顾，不疾言，不亲指。”上车时，一定会端正身子，抓着带子，稳稳地上去。坐在车里面，不东张西望，不大声说话，不指指点点。“凶服者式之。式负版者。”遇到穿丧服的人，一定会扶着车杠行礼；遇到负重的人，一定会扶着车杠行礼。

在日常交往中，他根据不同交往对象决定言行方式，“孔子于乡党，恂恂如也，似不能言者。其在宗庙朝廷，便便言，唯谨尔。”他跟亲戚朋友、街坊邻居在一起的时候，很谨慎的样子，好像不会说话一样。在宗庙或朝廷讲话时，口才流利、善于辞令，但神态不失恭谨。“乡人饮酒，杖者出，斯出矣。”参加乡亲的家宴时，有老年人退席，他才退席，否则一直陪坐，以示敬意。

在工作单位，他的一言一行也做得符合礼仪要求，“朝，与下大夫言，侃侃如也；与上大夫言，訚訚如也。君在，踧踖如也。与与如也。”跟下级说话时，从容不迫；跟上级说话时，和颜悦色。如果国君在场，说话轻声细语，走路轻缓安详。

在日常生活中，他也有很多讲究，“食不厌精，脍不厌细。食饐而餲，鱼馁而肉败，不食。色恶，不食。臭恶，不食。失饪，不食。不时，不食。割不正，不食。不得其酱，不食。肉虽多，不使胜食气。惟酒无量，不及乱。沽酒市脯不食。”平时饮食，“食不厌精，脍不厌细”。饭食变味了，鱼肉变质了，不吃。饭菜颜色不正，不吃。烧糊了，不吃。烹调不当，不吃。不到吃饭的时候，不吃。菜切得不周正，不吃。调味品放得不对，不吃。即使肉菜很多，他也以吃饭为主。只是喝酒不限量，以不喝醉为度。到外面买来的酒肉不吃。

关于孔子“讲礼”的内容还有很多，由此我们可以看出，他是将做人、办事、享乐、养生等一切行为都融于“礼”中，不愧是一个真正的绅士。

为什么说“不知言，无以知人”呢？不会说话的人，一开口就让人不愉快，别人不愿跟他交往，他又如何了解别人呢？有的人活了一辈子，没有几个熟人，一个很大的原因是“不知言”。

“知言”与“知人”的因果关系也可以倒过来说：不知人，无以知言。俗话说，到什么山唱什么歌，跟什么人说什么话。你必须了解对方的性格、喜好，才能说话到位。一个人不会说话，往往是对了解别人不感兴趣，只关心自己的感受。所以，要想说话到位，应该尝试站在他人的角度思考问题，设身处地为他人着想。当你知道对方喜欢什么、讨厌什么，并懂得有所迎合，有所趋避时，很容易就能激发对方交往的兴趣。

智慧多一点，聪明少一点

老子说："大巧若拙，大辩若讷。"（《道德经·第四十五章》）意思是：最会办事的人似乎有点笨拙；最会说话的人似乎有点木讷。

在这里，老子用"无为"的观点说明，不办事的人才是最会办事的人，不说话的人才是最会说话的人。也就是说，要少用聪明，多用智慧。

聪明或智慧，有何差别？

每个人都需要向世界证明自己的价值，以获得较大的生存空间。有所不同的是，聪明的人依靠炫耀才能证明自己的价值，他们不放过任何一个表现技能和发表高见的机会，上蹿下跳，口若悬河，设法把自己的每一个优点摆在别人眼前；智慧的人依靠真实业绩证明自己的价值，他们向世界呈示大家希望看到的结果。但他们并不要求某件事一定是自己亲手所做，也不要求某句话一定是自己亲口所说。有时候，他们宁可显得笨拙和木讷，也要把表现机会让给别人。

所以，跟聪明人在一起，别人就很难有表现机会；跟智慧者在一起，每个人都有表现机会。毫无疑问，聪明人只能靠自己单打独斗，难成大器；智慧者却能够得人之智，用人之力，轻轻松松完成伟业。

孔子的两位学生宓子贱和巫马期，都曾做过单父这个地方的主管官员。他俩的处事风格，正好体现了智慧者和聪明人的差别。宓子贱治理单父时，每天弹琴自娱，不用走下大堂，就把单父治理得很好。巫马期治理单父时，每天早出晚归，夜以继日，事必躬亲，单父也被他治理得很不错。

巫马期向宓子贱请教轻松治理单父的诀窍，宓子贱说："我注重用人，你注重用力。用力者当然辛苦，用人者当然轻松。"

注重用力者，虽然勤奋，主要目的还在于表现自己的聪明才智；注重用人者，并不懒惰，主要目的还在于让别人表现聪明才智。用力是一种专项技能，较易实行；用人是一种复合才能，操作难度较大。从这个意义上来说，善用人者也是更具智慧的人。

但是，你乐意让别人表现聪明才智，别人愿不愿意为你效劳呢？很多人能认识到用人的好处，也希望别人帮他做事。可别人不乐意，他只好事事亲力为之，有时还不得不帮别人做事。如何让别人乐意贡献聪明才智，这是一门大学问。孔子曾跟鲁哀公探讨过这门学问。

有一次，鲁哀公问孔子："有人告诉我：'治理国家的人只要安坐在朝堂之上就行了。'我认为这是迂腐之论。您说呢？"

孔子生气地说："这哪是什么迂腐之论，只是您还没有理解其中的真意罢了！"

鲁哀公不解地问："这是什么意思？"

孔子答道："我听说，自己在做人品格上有所得，在别人那里也会有所得；自己在做人品格上有所失，在别人那里也会有所失。不出门却把天下治理得很好，这恐怕只有懂得自身修养的领袖人物才能做到吧！”

以此观之，你想借助别人完成事业，有一个前提，你必须达成品格上的完善。它包括两个要点，首先，你不能只顾自己成功，必须为团队树立一个大家认同的目标；其次，你要让自己成为一个值得信赖的人。总之，你值得别人为你效力，别人才会为你贡献聪明才智。

具体如何做呢？宓子贱治理单父的故事也许对我们有所启示。

有一次，孔子问宓子贱：“你治理单父，大家都很高兴。请告诉我你是怎么做的！”

宓子贱说：“我把他们的父亲看作自己的父亲，把他们的儿子看作自己的儿子，抚恤孤寡，哀怜伤亡。”

孔子说：“好！这是小节，底层百姓会归顺你，但是还不够。”

宓子贱又说：“我把他们当作父亲看待的有三个人，当作兄长看待的有五个人，当作朋友看待的有十一个人。”

孔子说：“当作父亲看待的三个人，可以用孝道教化百姓了；当作兄长看待的五个人，可以用友爱教化百姓了；当作朋友看待的十一个人，可以用知识教化百姓了。这是中节，中层百姓会归顺你，但是还不够。”

宓子贱又说：“这个地方有五个比我贤能的人，我用老师的礼节敬重他们，他们都教我治理单父的方法。”

孔子说：“成就大功的方法就在这里了！可惜啊！你治理的只是小小的单父，如果让你治理大国，大概就能继承尧舜的事业了！”

这个故事可以看出，宓子贱的工作目标是给百姓带来福利，那么，谁不认同他的目标呢？其次，宓子贱把做人视为自己的主要工作，敬贤重能，把工作大胆托付于人。把做人做到位了，事业就自然而然地成功了。

第三章

给别人留余地，就是给自己留后路

小心呵护他人的面子

有的人把自己的面子看得贵如金，却把别人的面子看得贱如纸。他们为了自显高明，无视他人尊严，甚至将对方逼到非反抗不可的地步。其结果，也不过自取其辱罢了。

素来以傲慢无礼、举止粗鲁而闻名于世的赫鲁晓夫就曾尝到过伤人面子的苦头。那是1957年，美苏首脑举行会谈，美国副总统尼克松应邀出访苏联。在此之前，美国国会通过了一项《关于被奴役国家的决议》。这一决议受到赫鲁晓夫的激烈抨击，本来他可以采取其他比较得体的方式表达自己的看法，但赫鲁晓夫却选择了一个既有失身份，又伤人尊严的方式。

在美苏首脑会谈中，他指着尼克松吼叫着："这项决议很臭，臭得像马刚拉的屎！没有什么东西比那玩艺儿更臭了！"

在这种关系到国家和民族尊严的场合，尼克松当然也不会示弱，他知道赫鲁晓夫年轻时曾当过猪倌，就慢条斯理、一字一句地说："恐怕主席先生说错了，还有一样东西比马粪更臭，那就是猪粪。"

赫鲁晓夫不禁一时语塞，尽管他是一个很有自制力的领导人，也不免羞得满脸通红。

在人际交往中，只要维持住双方的面子，则一切争端都有回旋余地；一旦撕破面皮，就极可能转入火星四溅、双方都无力控制的局面。为了自己的面子，不给别人留余地，绝对是在做蠢事。

此外，在人际交往中，由于知识缺陷，每一个人都会说蠢话、做蠢事；由于价值观不同，每个人都有自己的偏见。看见别人说蠢话、做蠢事时，或者坚持自己的偏见时，为了保住他的面子，最好是给他一个“台阶”下。这对于维持双方的关系是非常重要的。

1961年6月，英国退役陆军元帅蒙哥马利访问中国。在洛阳参观访问时，他由中国外交部工作人员陪同，在街上散步。走到一个小剧场，他好奇地闯了进去。台上正在演豫剧《穆桂英挂帅》，蒙哥马利了解到剧情之后，连连摇头，说：“这个戏不好，怎能让女人当元帅？”

中方陪同人员解释：“这是中国的民间传奇，群众很爱看。”

蒙哥马利说：“爱看女人当元帅的男人不是真正的男人，爱看女人当元帅的女人不是真正的女人。”

在英国人的观念中，“人类的文明是从尊重女性开始的”，男人应该为女人上前线拼命，岂能让女人以柔弱之躯应付战争？

中方人员未考虑到蒙哥马利的观念，不服气地说：“我们主张男女平等，男同志办到的事，女同志也办得到。中国红军里就有很多女战士，现在解放军里还有位女将军。”

蒙哥马利说：“我一向对红军、解放军很敬佩，但不知道解放军里还有一位女将军，如果真是这样，会有损解放军声誉的。”

中方人员针锋相对地反驳说：“英国女王也是女的。按英国政治体制，女王是英国国家元首和全国武装部队总司令，这会不会有损英国军队的声誉呢？”

蒙哥马利一下给噎住了。

事后，中方人员向周恩来总理汇报这件事，没想到周总理严肃批评说：“你讲得太过分了，你解释说，穆桂英挂帅是民间传奇，这就行了。你不同意他的看法，也不必非得去反驳他。你做了多年的外交工作，还不懂求同存异？弄得人家无话可说，就算你胜利了？”

接着，周恩来总理审阅为蒙哥马利安排的文艺节目单，看到没有蒙哥马利最喜欢的杂技和口技，却有一出折子戏《木兰从军》，便说：“瞧，又是一个女元帅！幸亏知道蒙哥马利的观念，不然他会以为我们故意刺激他了。”

随即吩咐撤掉这出折子戏，另外增加杂技、口技等节目。

周恩来总理的安排平息了蒙哥马利的怨气，使他挽回了面子，两人的友谊与两国的友好关系都得到了加强。

古人说：“饿死事小，失节事大。”所谓“失节事大”，其实是面子事大。这种观念也许很陈腐，持有这种观念的人却很多。如果你不想招致别人的仇视、怨恨的话，一定要给别人一个“台阶”下，切勿伤人面子。

避开言语的“雷区”

明太祖朱元璋出身贫寒，做了皇帝后自然少不了有昔日的穷哥们儿到京城找他。这些人满以为朱元璋会念在昔日共同受罪的情分上，给他们封个一官半职，谁知朱元璋最忌讳别人揭他的老底，以为那样会有损自己的威信，因此对来访者大都拒而不见。

有位朱元璋儿时一块光屁股长大的好友，千里迢迢从老家凤阳赶到南京，几经周折总算进了皇宫。一见面，这位老兄便当着文武百官大叫大嚷起来：“哎呀，朱老四，你当了皇帝可真威风呀！还认得我吗！当年咱俩可是一块儿光着屁股玩耍，你干了坏事总是让我替你挨打。记得有一次咱俩一块偷豆子吃，背着大人用破瓦罐煮，豆还没煮熟你就先抢起来，结果把瓦罐都打烂了，豆子撒了一地。你吃得太急，豆子卡在嗓子眼儿还是我帮你弄出来的。怎么，不记得啦！”

这位老兄还在那喋喋不休唠叨个没完，宝座上的朱元璋再也坐不住了，心想此人太不知趣，居然当着文武百官的面揭我的短处，让我这个当皇帝的脸往哪儿搁。盛怒之下，朱元璋下令把这个穷哥们儿杀了。这就是戳人痛处的下场。

在待人处世中，场面话谁都能说，但并不是谁都会说，一不小心，也许你就踏进了言语的“雷区”，触到了对方的隐私和痛处，犯了对方的忌，对听话者造成一定的伤害。其实，每个人都有所长，亦有所短，待人处世的成功，一个很重要的因素就是善于发现对方身上的优点，夸奖对方的长处，而不要抓住别人的隐私、痛处和缺点，大做文章。切记：揭人之短，伤人自尊！

“揭短”，有时是故意的，那是互相敌视的双方用来作为攻击对方的武器。“揭短”，有时又是无意的，那是因为某种原因一不小心犯了对方的忌讳。有心也好，无意也罢，在待人处世中揭人之短都会伤害对方的自尊，轻则影响双方的感情，重则导致友谊的破裂。

有这样一个真实的例子，有一群人在看电视剧，剧中有婆媳争吵的镜头。张大嫂便随口议论道：“我看，现在的儿媳真是不知道好歹，不愿意和老人住在一起。也不想想以后自己老了怎么办？”话未说完，旁边的小齐马上站了起来，怒声说：“你说话干净点，不要找不自在，我最讨厌别人指桑骂槐！”原来小齐平素与婆婆关系失和，最近刚从家里搬出另住。张大嫂由于不了解情况，无意中揭了对方的短而得罪了小齐。所以只有了解交际对象的长处和短处，为人处世才不会伤人也伤己。

俗话说得好，“打人不打脸，揭人不揭短”，要想与他人友好相处，就要尽量体谅他人，维护他人的自尊，避开言语“雷区”，千万不要戳人痛处！

伤人莫伤脸

俗话说：“人活脸，树活皮。”此话道出了人性的一大特点：爱面子。可是我们不能只爱自己的面子，而不给他人面子。每个人都有一道最后的心理防线，一旦我们不给他人退路，不让他走下台阶，他只好使出最后一招——自卫。因此，当我们遇事待人时，应谨记一条原则：别让人下不了台阶。

一句或两句得体的话，对他人态度做宽容的了解，这些都可以减少对别人的伤害，保住他的面子。

让他人保全面子！这是多么重要呀，而我们却很少有人想到这一点！我们残酷地抹杀了他人的感情，又自以为是，我们在其他人面前批评一位小孩或员工，找差错，发出威胁，不去考虑是否伤害到别人的自尊。然而，一两分钟的思考，一句或两句体谅的话，对他人的态度做宽容的了解，都可以减少对别人伤害。

佛雷德·克拉克谈到了发生在他们公司的一段插曲：

有一次开生产会议的时候，副总裁提出了一个尖锐的问题，是有关生产过程的管理问题。由于他气势汹汹，矛头指向生产部总管，一副准备挑错的样子。为了不在同事中出丑，生产部总管对问题避而不答。这使副总裁更为恼火，直骂生产总管是个骗子。

“再好的工作关系，都会因这样的火爆场面而毁坏。凭良心说，那位总管是个很好的雇员。但从那天开始，他再也不能留在公司里了。几个月后，他转到了另一家公司，据说表现很不错。”

安娜·玛桑也谈到相同的情形，但因处理方法不同，结果也不一样。玛桑小姐在一家食品包装公司当市场调查员，她刚接下第一份差事——为一项新产品做市场调查。她说道：“当结果出来的时候，我几乎崩溃；由于计划工作的一系列错误，整个结果当然完全错误，必须从头而来。更糟的是，报告会议即将开始，我已经没有时间同老板商量这件事了。”

“当他们要求我做报告的时候，我吓得发抖。我尽量使自己不致哭出来，免得又惹得大家嘲笑，因为太过于情绪化了。我简短地说明了一下情形，并表示要重新改正过来，以便在下次会议时提出。坐后，我等待老板大发雷霆。”

“出乎意料的，他先感谢我工作勤奋，并表示新计划难免都会有错。他相信新的调查一定正确无误，会对公司有很大助益。他在众人面前肯定我，相信我已尽了力，并说我缺少的是经验，而非能力。

“我挺直胸膛离开会场，并下定决心不再有第二次这种情形发生。”

假如我们是对的，别人绝对是错的，我们也会因为让别人丢脸而毁了他的自我。法国作家安托安娜·德·圣苏荷依写过：“我没有权利去做或说任何事以贬抑一个人的自尊。重要的并不是我觉得他怎么样，而是他觉得他自己如何，伤害他人的自尊是一种罪行。”

大路留三分给人行

人生好比行路，总会遇到道路狭窄的地方。每当此时，最好停下来，让别人先行一步。如果心中常有这种想法，人生就不会有那么多抱怨了。即使终身让步，也不过百步而已，能对人生造成多大影响呢？你经常让人一步，别人心存感激，也会让你一步，一条小路对你来说也是坦坦通道。你事事不肯让人，别人心怀怨恨，就会设法阻碍你，损伤你，即使一条大路，对你也充满险阻。人与人之间往往是心与心的交往，诚心换来的是真情，坏心换来的是歹意。

在战国时代，有一个叫中山的小国。一次，中山的国君设宴款待国内的名士。当时正巧羊肉汤不够了，无法让在场的人都喝上。没有喝到羊肉汤的司马子期感到很失面子，便怀恨在心，到楚国劝楚王攻打中山国。中山国很快被攻破，国君逃到了国外。当他逃走时，发现有两个人拿着武器跟在他的后面，便问："你们来干什么？"

两人回答："从前有一个人曾因得到您赐予的一点食物而免于饿死，我们就是他的儿子。我们的父亲临死前嘱咐，不管中山国以后出什么事，我们必须竭尽全力，甚至不惜以死报效国君。"

中山国君听后，感叹地说：仇怨不在乎深浅，而在于是否伤了别人的心。我因为一杯羊肉汤而亡国，却由于一壶食物而得到两位勇士。

人的自尊比金钱还要重要。一个人如果失去了少许金钱，尚可忍受，一旦自尊心受到损害，就无法预测他将会干出什么事来。有时候，本无存心伤人之意，却可能因为一句无意的话伤害别人，甚至可能为自己树立一个敌人。言行的谨慎看来是很重要的。

从前有某显宦，喜欢下棋，自负是国手。某甲是他门下的一名食客，有一天与某显宦下棋，一入手便咄咄逼人。比赛到后来，竟逼得某显宦心神失常，满头大汗。某甲见对方焦急的神情，格外高兴，故意留一个破绽。某显宦满以为可以转败为胜，谁知某甲突出妙手，局面立时翻盘。某甲很得意地道：“你还想不死么？”

某显宦遭此打击，心中很不高兴，立起身来就走。虽然某显宦有很深的修养，胸襟宽大，但也受不了这种刺激，因此对某甲就有了成见。而某甲呢，他始终不懂为什么某显宦不再与他下棋。某显宦也为了这个，总是不肯提拔某甲。某甲只好郁郁不得志，以食客终其身。也许他会自认命薄，哪知是忽略了对方的自尊心，控制不住自己的好胜心，使小过失铸成了终身的大错。

如果遇到必须取胜，无法让步的事，又该怎么做呢？那也要给别人留一点余地，就像下围棋一样，“赢一目是赢，赢一百目也是赢”。只要能赢就行了，何必让人家满盘皆输？比如与人争辩，以严密的辩论将对方驳倒固然令人高兴，但也没必要将对方批驳得体无完肤。这样做不但对自己毫无好处，甚至会自食其果，遭到对方的反击。当我们和他人发生摩擦时，首先要了解他的想法，然后在顾及对方颜面的前提之下，陈述自己的意见，给对方留有余地。这一点在处理人际关系时非常重要。

做人比读书更重要

不知从什么时候开始，中国人把读书看成了最重要的事，一个孩子从两三岁上幼儿园，一直到大学毕业，父母对他或她的要求都是“好好学习”，只要成绩好，其他方面一概从宽，所以很多孩子念到高中毕业，连一双袜子都没有洗过。

孔子对学习的看法不一样，他说：“弟子入则孝，出则弟，谨而信，泛爱众，而亲仁。行有余力，则以学文。”“弟”即“悌”，敬爱的意思。这句话的意思是，在家里能够孝敬父母，在外面能够敬待朋友，对其他人能够秉持一颗好心，友善对待，主动跟品行好的的人交往，如果还有多余的精力，再来读书学习。这意思是说，先学习做人，再学习知识。做人方面没学好，一味学习知识，就是本末倒置了。

一位作家曾说，一个人一辈子能把身边七八个人的关系处理好，一生的幸福就有保障了。这七八个人都是自己最亲近的人，如父母、兄弟、妻儿，或关系最密切的人，如朋友、上司、同事、下属。意思就是说，只要把圈子内极少数人的关系处理好，必然事业顺利，生活和美；反之，绝大多数烦恼、痛苦都是身边人带来的，其原因是没有把关系理顺。关系没有理顺的原因是做人功夫没有学好。难怪有人说：世事洞明皆学问，人情练达即文章。

孔子的“入则孝，出则弟”，其意也是要把身边几个人的关系搞好。应该如何做呢？我们不妨看一个故事：

曾子是孔子的弟子，“孔门十哲”之一，公明宣在他门下学习，三年没有摸过书本。曾子说：“你在我家里，三年不学习，为什么？”

公明宣说：“我哪敢不学习？我看见老师在家里，只要有长辈在，连牛马也没有训斥过，我很想学习您对待长辈的态度，可惜还没有学好。我看见老师接待宾客，始终谨慎谦虚，从来没有松懈过。我很想学习您对待朋友的态度，可惜还没有学好。我看见老师在朝廷办公事，对下属的要求很严格，但从不伤害他们的自尊心。我很想学习您对待下属的态度，可惜还没有学好。”

曾子离开座位，向公明宣道歉说：“我不如你。我只会读书罢了！”

曾子说自己“只会读书”，无疑是自谦。从他的表现看，无疑做到了“入则孝，出则弟”六个字。

能够处理好身边人的关系，生活会过得比较舒服，但对一个有志向的人来说，这还不够。孔子又进而说“泛爱众，而亲仁”。

“泛爱众”不仅是一种道德修养，也是一种做人智慧。西方成功学中有一句名言：你以怎样的态度对待别人，别人也会以怎样的态度对待你。有一个大家都比较熟悉的故事：某人开车来到一座城市，问一个加油站的工人：“你们这个城市的人友善吗？”加油站的工人反问：“你们那个城市的人友善吗？”某人说：“不！他们冷漠自私，糟糕透了。”加油站的工人冷淡地说：“我们这儿的人也一样。”过了一会儿，又一个人开车来到加油站，问这个工人同样的问题。加油站工人还是问他：“你们那个城市的人友善吗？”那人说：“是的！他们真诚友善、热情大度。”加油站工人微笑着说：“我们这儿的人也一样。”俗话说：好心换好心。一个人“不”爱众，得到的无疑是冷漠自私、糟糕透了的对待；一个人“泛爱众”，就能得到真诚友善、热情大度的对待。

“而亲仁”的意思是跟好人交往。这是最好的学习。孔子说：“与君子游，如入芝兰之室，久而不闻其香，则与之化矣；与小人游，如入鲍鱼之肆，久而不闻其臭，亦与之化矣。”经常跟有学问的人交往，久之就多了几分书香气，经常跟善良的人交往，久之就多了几分慈悲之心。相反，经常跟懒惰不负责任的人打交道，久之会变得懈怠起来，经常跟小流氓打交道，打架的机会就多起来。所以说，跟一个好人交往一天，胜过读一本好书。

夫妻之道敬为首

女作家琼瑶在论夫妻关系时，也说：“失去了敬意，这婚姻便不能维持了。”因敬而生爱，是真爱。没有敬意的爱，不过是肉体之欲罢了，哪能长久呢？

古人认为，丈夫对待妻子，有五件大事：“一者出入当敬于妇；二者饭食之以时节，与衣被；三者当给予金银珠玑；四者家中所有多少，悉用付之；五者不得于外邪畜传御。”

“出入当敬于妇”，就是说，无论在外面还是在家中，都应该尊重自己的妻子。有的人一面向妻子表白爱情，却又不尊重她的人格和自由权利，看见她跟某个男人交往，心里就打翻了醋罐，甚至会严加干涉；平时作决定，不尊重妻子的意见；人前人后，殊少礼仪。凡此种种，都不利于关系的和谐。

“饭食之以时节，与衣被”，要保障妻子的饮食、衣被等基本需求。过去男主外、女主内，男人有义务赚钱养家。养不活老婆，是最没出息的男人。妻子饿得受不了，要离婚，丈夫也应无话可说。因为他还不具备当丈夫的资格。现在男女都工作，也有女主外、男主内的，谁具体该为家庭承担多少内务，不再有约定俗成的标准。这就难免发生你埋怨我不顾家，我埋怨你不负责任的争吵。所以，夫妻之间最好商定各自的责任范围，然后自尽其责。这对维持关系和谐大有好处。

“给予金银珠玑”，意思是说要尽量让妻子打扮得漂亮一点，使她在人前有面子。“金银珠玑”是指贵重饰物。现代的贵重饰物比过去丰富，除首饰外，其他如名牌香水、名牌时装、各种化妆品，等等。当然，这方面需量力而行。

有的人认为，爱情应该重精神而轻物质。但有时候，不重物质不行。获得尊重是人的本质需求之一。与人相处时，穿着打扮太糟糕了，难获尊重。作为丈夫，没钱给妻子买豪华饰物不要紧，最低限度，不应该让妻子会客时连一件漂亮衣服也没有。

“家中所有多少，悉用付之”，就是把家完全交给妻子管理。只让妻子做事，不给她支付钱财的权力，那她就不是女主人，而是女佣。即使女佣，也得给她工钱才肯干活啊！现代的经济格局与古代不同，也有的人在结婚前就订协议，夫妻各自管理自己的财产。这类似于同居关系，弄不好就一拍两散。作为男人，如果有白头到老的诚意，应该将家财交与妻子管理。财产带给女人的安全感胜于一切花言巧语。

“不得于外邪畜传御”，用现代话来说，就是不得在外面包二奶、养小秘，也不得嫖娼宿妓。应该对妻子一心一意。有的男人，“有钱就变坏”，没钱也学坏，这种男人是靠不住的。还有的男人，心理阴暗，像防贼一样的防范妻子的外遇，自己却在外面拈花惹草。当妻子的人，遇到这种男人，应该像不小心踩着一堆狗屎，赶紧洗涮干净，根本用不着恋恋不舍。

上面是丈夫对待妻子的五件大事，妻子对待丈夫也有五件大事：“一者夫从外来，当起迎之；二者夫出不在，当炊蒸扫除待之；三者不得有贰心于外夫，骂言不得还骂作色；四者当用夫教诫，所有什物不得藏匿；五者夫休息，盖藏乃得卧。”

“夫从外来，当起迎之”，就是说，丈夫从外面回家，妻子应该起身迎接。电影里经常有这样的镜头：丈夫回家时，妻子便满怀欣喜地迎上前，接过丈夫的衣帽，挂在固定的地方。虽然是很简单的礼仪，夫妻间的亲切和谐却自然洋溢。可惜，在现代大多数中国家庭，这种场面已经见不到了。这并不是时代的进步，而是文明的衰退。人们表达感情，需要借助一定的表现形式，如语言、神态、举止等，礼仪是一种复合语言，它是用智慧设计出来的一种表达情感的高级方式。比如妻子满面春风地迎接丈夫，好比是说：你平平安安地回来了，我真的很开心；你辛苦了，快进来歇歇吧！随着神态的变化，还可以表达更多内容。掌握这种语言，其价值不低于学会一门外语。可惜，古代的文盲老太太都懂的礼仪，现代的大学生可能都不懂，这能说是文明进步吗？

有的人为什么忽略夫妻间的礼仪呢？在一些妻子看来，现在男女平等，用不着在丈夫面前表现出低人一等的样子。这显然是对礼仪的误解。按照礼仪，妻子比丈夫晚回家，丈夫也应该起身迎接。这对双方来说不是平等的吗？还有的人认为，夫妻天天见面，表现得这么客气，多此一举。这也是对礼仪的误解。夫妻感情需要经常表达，否则就会变得淡漠。用礼仪进行表达，不是更简便、内涵更丰富吗？

“夫出不在，当炊蒸扫除待之”，就是说，丈夫出门工作，妻子应该做好饭食、把家里收拾得干净整洁以等待丈夫回来。

现代夫妻都出门工作，应该由谁做饭、做清洁，最好事先商定，由两人分担，免得到时候你推我让，不但夫妻感情显得生分了，还可能引起家庭矛盾。经营家庭跟经营企业一样，需要分工负责。责任不明，就会问题丛生。划分责任，并不是很难解决的问题。

“不得有贰心于外夫，骂言不得还骂作色”，就是说，妻子不得移爱于其他男人。丈夫骂她不得回骂和发怒。

外遇对夫妻关系的伤害毋庸置疑。为什么丈夫骂妻子，妻子不得还嘴呢？难道妻子低人一等吗？前面不是讲丈夫无论在外面还是在家中，都应该尊重妻子吗？在这里，我们谈论的不是夫妻地位，而是在特殊情况下夫妻相处的技巧。每个男人都有一个脾气，偶尔也会发作出来。当丈夫发火骂人时，理智的力量已经为情绪左右，什么道理也听不进去。妻子针锋相对，不等于火上浇油吗？聪明的妻子，遇到这种情况，必然是和颜悦之，温言慰之，等丈夫火气消了，再来讲道理，使他认识到自己的错误。如此，自己像个通情达理的贤妇，丈夫像个知错就改的贤夫。这不是最好的结果吗？

有的妻子不知变通，丈夫骂一句，她要回骂三句。最后丈夫动起粗来，让她皮肉受苦。事情闹大了，不但左邻右舍来瞧热闹，还可能惊动各方亲戚。如此，自己像个泼妇，丈夫像个虐待狂，这不是最坏的结果吗？

古人认为妻子不要以硬碰硬，就是提倡追求最好的结果而不是最坏的结果。

当然，男女平等，妻子发脾气时，丈夫也当轻言细语宽解之，不要针锋相对、激化矛盾。

“用夫教诫，所有什物不得藏匿”，就是说，妻子应该听从丈夫的劝告，一心办好家事，不要把好东西藏起来留给自己享用。

在过去的大家庭，有些妻子会为了小家庭而藏匿财产。比如《红楼梦》里的王熙凤，她就特别会搞“小金库”。现在多为小家庭，这种现象并不多见。但持家理财是一门学问，有的妻子不善此道，也有学习的必要。

“夫休息，盖藏乃得卧”，就是说，丈夫睡觉了，妻子盖好米缸、锅盖等，免得老鼠偷吃食物；关好房门，免得小偷溜进来。总之，把家务拾掇好了，才能休息。“盖”字也许还包括给丈夫盖好被子，这体现了妻子对丈夫的温存体贴。妻子为什么要给丈夫盖被子呢？因为古代的人工作比较辛苦，丈夫劳作一天，可能倒床就睡着了。妻子心疼他，怕他着凉，给他盖被子，理所当然。

现代的人工作没那么辛苦，丈夫临睡前拾掇家务、给妻子盖被子，又是另一种温存体贴。

强求别人不如要求自己

曾子说："无内人之疏而外人之亲，无身不善而怨人，无刑已至而呼天。"不应该跟关系亲近的人很疏远，却跟关系疏远的人很亲近；不应该自己不好却埋怨别人；不应该等到刑罚上身的时候再来呼天抢地。他的意思是：做人要求其根本。什么是根本呢？跟身边人搞好关系就是根本；管好自己就是根本；遵纪守法就是根本。

曾子又说："内人之疏而外人之亲，不亦远乎！"跟亲近的人搞不好关系，却去设法交结关系疏远的人，不是舍近求远吗？

所谓亲近与疏远，一般是以自己为原点，由关系远近来衡量亲疏。大致上，父母兄弟妻儿是最亲近的，其次是亲戚朋友，再次是上司、同事、下属，再次邻居、同乡，再次是一般人。按曾子的观点，搞关系应该从近到远，而不是从远到近。如果跟亲近的人搞不好关系，说明做人没有做到位。为什么呢？人与人存在共性，往往是，一个招人喜欢的人，大家都喜欢他；一个让人讨厌的人，大家都讨厌他。跟亲近的人有一定感情基础，比较容易搞好关系，如果关系不好，说明不善于搞好关系，又怎么可能跟关系疏远的人搞好关系呢？

但是，也有例外的情况：有些人很善于跟人打交道，但他们对亲近的人很冷淡，却跟"外人"关系融洽。因为跟亲近的人打交道无利可图，却能从"外人"那里捞到好处。这大概属于小人一类。小人唯利是图，总是把感情投向回报丰厚的地方。由于他们长袖善舞，巧于打点，很容易被误认为好人，只有智慧之人才能识别他们的伎俩。

春秋时，齐桓公喜爱美妇，竖刁为了接近齐桓公，竟引刀自宫，替齐桓公管理后宫，并物色到了不少美女。齐桓公认为他忠心耿耿，很信任他。

易牙是个出色的厨师，有一次，齐桓公开玩笑说："我什么山珍海味都吃过，就是没有吃过人肉！"易牙就将自己的小儿子杀了，做成美味献给齐桓公。齐桓公极为感动，将他视为头号功臣。

卫国的公子方在齐国做官 15 年，从未回过家。连父亲死了也没有回去祭拜。齐桓公夸他是难得的忠臣。

管仲重病垂危时，齐桓公去探望他，问："您如果弃我而去，竖刁可以执政吗？"

管仲答道："不可以！竖刁连自己的身体都不爱惜，怎么会爱惜您呢？"

齐桓公又问："易牙可以吗？"

管仲答道："易牙对自己的儿子都能狠得下心肠，对您还有什么狠不下心的？"

齐桓公又问："卫公子方如何？"

管仲答道："卫公子方对自己的父亲都不忠心，怎么会忠于您呢？这三个人似忠实奸，您如果任用他们，将来一定会成为诸侯的笑柄。"

齐桓公觉得有道理。管仲死后，他将这三个人全赶走了。可是过了三年，他又将他们重新招回来，予以重用。

后来，齐桓公病重，竖刁、易牙作乱，紧闭宫门，禁止别人给齐桓公送饭送药，卫公子方不管齐桓公的死活，只顾自己逃走了。于是，齐桓公活活饿死了。死了60天，身上的蛆虫爬到门外，也没有人替他收尸。

竖刁、易牙、卫公子方都是“内人之疏而外人之亲”的人，归根结底，他们除了爱惜自己，对谁都不亲。这是我们在生活中需要特别留心防范的小人。

曾子说：“身不善而怨人，不亦反乎！”自己不好却埋怨别人，不是反本求末吗？在这里，“不善而怨人”二字，含意很深。从浅层次理解，是品行不够好却埋怨别人对自己不好的意思。打个比方，我自己很小气，却埋怨别人对我不大方；我自己不讲信用，却埋怨别人不相信我；我自己能力有限，却埋怨别人不重用我；我自己孤高自傲，却埋怨别人不喜欢我，诸如此类，都是舍本求末的行为。

从较深的层次来讲，“不善而怨人”，还有自己处境不好、事业不利、生活不顺，却抱怨别人不尊重自己、不亲近自己、不喜欢自己。我们生活在世界上，别人对我们的态度，经常由我们的成败来决定，人情如天气，时冷时暖。一个明智的人，应该努力去追求成功，赢得别人的尊敬和爱。如果不能成功，也只能怪自己做得不够好，或者时运不济，用不着抱怨“人情似纸张张薄”。这种抱怨也是舍本求末的行为，对自己毫无益处，也搞坏了别人的心情。所以，当事业、生活不顺利时，明智的做法是默默承受一切，努力改善一切，用不着怨天尤人。

战国时，齐国的孟尝君田文是一位天下闻名的大贤士，受到国君宠爱，被封为相国。各地有才能的人纷纷来投奔他，谋求一只饭碗。不料，国王对田文起了疑心，撤掉了他的职务。无奈，田文只好离开国都，回到自己的封地去。让他万万没有想到的是，那几千个平时口口声声仰慕他、愿意终生追随他的食客，一下子走得没影了，只有冯谖愿意继续跟着他。

后来，在冯谖的策划下，国君对田文重新产生了信任，让他官复原职，尊荣更胜从前。那些弃他而去的食客，又想重新回来。田文听说这件事，恨恨地对冯谖说："他们当初弃我而去，现在还有脸回来？谁好意思走到我面前，我一定要将唾沫吐在他脸上！"

冯谖不以为然地说："事物有它必然的规律，事情有它本来的道理，您何必生气呢？富贵了，宾客自然多；贫贱了，宾客自然少，这是事情本来的道理。您一定见过菜市场的情景吧？早上，人们争先恐后挤进去，因为里面有他们需要的东西；傍晚，人们甩开大步走过去，不会多看一眼，因为里面没有他们需要的东西了。这是很正常的事情。以前，人家争先恐后来投奔您，是因为您这儿有他们需要的东西；后来他们离开您，是因为您这儿已经没有他们需要的东西了，有什么可抱怨的呢？"

田文恍然大悟，心里的怨意顿消。后来，那些食客陆续前来投奔，他一如既往地接待他们，毫无芥蒂。

有一句话说得好："世上没有无缘无故的爱"。你爱一个人，是因为他有你需要的东西——容貌、财富、权势、品德……最好他什么都有，能满足你的一切需求。假如那个人什么都没有，你可能恨不得从未见过他。你从自身需要出发对别人作取舍，当然不应该反对别人从自身需要出发对你作取舍。无论别人喜欢你还是讨厌你，都是你自己的原因，没有什么可抱怨的。想通了这个问题，就不会对人情冷暖、世态炎凉有那么反感了。

曾子说："刑已至而呼天，不亦晚乎！"这句话很好理解，世上没有卖后悔药的，等到刑法加身再来懊悔，不是太晚了吗？如果害怕受到惩罚，唯一可靠的做法是遵纪守法。这个道理很简单，可是世上仍然有不少“刑已至而呼天”的蠢人。

民国时，有一个男子，身材高大英挺，以放竹排为业。他每天拿着竹竿，唱着山歌，顺流而下，日子过得逍遥自在。他戏称自己手中的竹竿为“竹笔”，每天用竹笔描写着自己的生活。

后来，日本人来了，他经人介绍，投奔了汉奸队伍，凭着本事，三五年间，居然当上了保安大队长。很自然的，他也做了不少伤天害理之事。所以，日本人投降后，国民政府抓住他，判处死刑。行刑那天，他仰天感叹：“唉！早知道有这一天，我应该拿着我的竹笔啊！何必摸枪呢？”

但是，时光能倒回去让他重新选择吗？不可能的。

人都是痴愚的，被欲望拴住了，就像一头牛被长绳拴住了鼻子，挣不脱也不想挣脱。除非到了梦醒那天，才会有所觉悟。而学习的最大价值就是破除痴愚，聪明地驾驭自己欲望，以获得心灵的大自由。

别板着面孔说话

人际交往中，与别人谈话，无论双方意见或说法是否一致，都不能板着面孔说话。首先这是对双方交谈的一种不尊重，其次也会招致对方的反感，最后此次谈话也只能是不欢而散。

我们与人交往、谈话无非有两种人：一种是早已熟悉的人，如亲人、朋友和同事；一种是陌生人。和熟悉的人谈话板着面孔，或许还可以得到理解和谅解。和陌生人谈话第一印象是非常重要的，它的好坏直接关系到谈话的结果，只有给人家一个好印象，才能顺利交谈，发展友谊，取得交际的成功。

从前，有个年轻人骑马赶路，累了想找一家客店休息，遇到一位老农，他在马上喊："喂，老头儿，这有旅店吗？还有多远？"老农说："无礼！""五里？"他快马加鞭跑去，跑了十几里，也不见人烟，心中纳闷，猛然醒悟过来，拨转马头又往回赶。见到那位老农，急忙下马，诚恳道歉说："老伯，请你原谅，我刚才太没礼貌了。您能告诉我，哪儿有旅店吗？"老农笑说："年轻人，知错改错就好，你已经错过旅店，我也不让你白跑，如不嫌弃，今晚就到我家住吧？"年轻人满心欢喜地跟老农走了。

从这个故事中，我们可以看到，不同的言谈情态会引起对方不同的反应和对待。这类的例子很多，每个人都会碰上。

俗话说，"人都是有感情的动物"，你尊重别人，热情待人，谁会驳你的面子呢？

斯诺的夫人韦尔斯也是一个记者，她第一次采访毛泽东时先热情洋溢地拿出一张斯诺拍的照片，有了这张窑洞前毛泽东的照片，一下子拉近了她和毛泽东的距离，陌生感化为乌有，谈得十分亲切、随便和融洽。韦尔斯在西安采访王震时，一见面她就微笑着说："我记得咱们俩是同年的。当年我在延安时是 28 岁，现在已经 72 岁了。你是不是也是 72 岁呢？"王震一听，顿时笑了，直爽地回答了她的问题。于是俩人像两个"老熟人"在拉家常一样，采访得以顺利进行。

我们每个人与人交谈一定要开朗、热情、生动，因为人不是受到什么强迫才接近谁、喜欢谁；也不是由于什么人出类拔萃、有成就、有名气，才去接近、喜欢这个人。亲切的话语，温暖的微笑，一下子拉近了心理的距离。即使大人物，只要他善于交往、谈话，也必然如此。相反，冷冰冰整天板着个面孔，无论对什么人都是无益的。

态度决定人生高度

有两个秀才一起去赶考，路上他们遇到了一支出殡的队伍。看到那一口黑乎乎的棺材，一个秀才心里立即“咯噔”一下，凉了半截，心想：完了，活见鬼，赶考的日子居然碰到这个倒霉的棺材。于是，心情一落千丈，走进考场，那个“黑乎乎的棺材”一直挥之不去，结果，文思枯竭，果然名落孙山。

另一个秀才也同时看到了，一开始心里也“咯噔”了一下，但转念一想：棺材，棺材，噢！那不是有“官”又有“财”吗？好，好兆头，看来今天我要鸿运当头了，一定高中。于是心里十分兴奋，情绪高涨，走进考场，文思如泉涌，果然一举高中。

回到家里，两人都对家人说：“棺材”真的好灵。

叔本华说过：“事物的本身并不影响人，人们只受对事物看法的影响”。的确，对事物的看法，没有绝对的对错之分，但有积极与消极之分，而且每个人都必定要为自己的看法承担最后的结果。消极思维者，对事物永远都会找到消极的解释，并且总能为自己找到抱怨的借口，最终得到了消极的结果。而积极的人，常常能够在困难重重的情况下，找到打开命运枷锁的钥匙，得到灿烂和光明。

世界上从来没有绝对完美的人和事。每个人和每件事都有优缺点，关键是我们选择怎样的角度来看问题，是以积极的方式还是消极的方式来处理问题！

同样的境况，不同的态度会产生不同的结果。当你经常往坏的或消极的方面去想的话，必将错失许多“成功的机会”。相反，如果你一直能够往好的、积极的方面去思考的话，就会挖掘出许多令人想不到的机会，即使是危机也可能藏着一线机会。

在美国有一家鞋子制造厂。为了扩大市场，工厂老板便派一名市场经理到非洲一个孤岛上调查市场。那名市场经理一抵达，发现当地的人们都没有穿鞋子的习惯，回到旅馆，他马上拍发电报告诉老板说：“这里的居民从不穿鞋，此地无市场。”当老板接到电报后，思索良久，便吩咐另一名市场经理去实地调查。当这名市场经理一见到当地人们赤足，没穿任何鞋子的时候，心中兴奋万分，一回到旅馆，马上电告老板：“此岛居民无鞋穿，市场潜力巨大，快寄一百万双鞋子过来。”

失之毫厘，谬以千里。积极和消极就像是一条道上的两个岔道，刚开始就那么一点点偏差，但走到后来，则天差地别。实际上，积极心态是积极乐观的人生态度的生活化，积极心态能使一个懦夫成为英雄，能使一个人从心智柔弱变为意志坚强，由软弱、消极、优柔寡断变成积极向上。

所以我们说：态度决定人生高度。

如何在日常生活中锤炼自己的积极心态？

1. 相信积极心态能够产生出奇迹。积极思想只有在你相信它的情况下才会发生功用，并且产生出奇迹，而且你必须将信心与思考过程结合起来。

2. 坦然的目光会增加你的信心。没有什么比你看着对面或旁边的人的方式，更能说明你的自信心。在你的眼神从闪烁不定到坦然自若的过程中，自信便不请自来。

3. 说话时把“否定式”改为“肯定式”，用积极的语言触动积极的思维。

4. 将你的步伐加快四分之一。心理学家告诉我们：可以通过改变你的姿势，加快你的前进频率而达到改变你的态度、心理的重要目的。挺胸、抬头，更快地往前走，你会觉得自信心倍增。

5. 对矮小或其他生理缺陷采取坦然态度。忘掉自己的缺陷，看到自己的长处，培养多方面的兴趣和爱好，把自己的注意力集中在有意义的活动上，这便是最佳的方法。

6. 从多个角度思考问题。这样可以使你的事业变得更加容易，即使是小的成绩，也足以让你得到积极进取的动力。

第四章

圆融通达，为人处世自可一帆风顺

做人要方圆兼备

“方”，方方正正，有棱有角，指一个人做人做事有自己的主张和原则，不被人所左右。“圆”，融通老成，指一个人做人做事讲究技巧，既不超人前也不落人后，或者该前则前，该后则后，能够认清时务，使自己进退自如，游刃有余。

一个人如果过分方方正正，有棱有角，必将碰得头破血流；但是一个人如果八面玲珑，圆滑透顶，总是想让别人吃亏，自己占便宜，也必将众叛亲离。因此，做人必须方外有圆，外圆内方。

外圆内方的人，有忍的精神，有让的胸怀，有貌似糊涂的智慧，有形如疯傻的清醒，有脸上挂着笑的哭，有表面看是错的对……

“方”是做人之本，是堂堂正正做人的脊梁。人仅仅依靠“方”是不够的，还需要有“圆”的包裹，无论是在商界、官场，还是交友、情爱、谋职等等，都需要掌握“方圆”的技巧，才能无往不利。

秦朝末年，匈奴内部政权变动，人心不稳。邻近一个强大的民族东胡，借机向匈奴勒索。东胡存心挑衅，要匈奴献上国宝千里马。匈奴的将领们都说东胡欺人太甚，国宝决不能轻易送给他们。匈奴单于冒顿却决定：“给他们吧！不能因为一匹马与邻国失和嘛。”匈奴的将领们都不服气，冒顿却若无其事。东胡见匈奴软弱可欺，竟然向冒顿要一名妻妾。众将见东胡得寸进尺，个个义愤填膺，冒顿却说："给他们吧，不能因为舍不得一个女子与邻国失和嘛！"东胡不费吹灰之力，连连得手，料定匈奴软弱，不堪一击，根本不把匈奴放在眼里。这正是冒顿单于求之不得的。不久之后，东胡看中了与匈奴交界处的一片茫茫荒原，这荒原属于匈奴的领土。东胡派使臣去匈奴，要匈奴以此地相赠。匈奴众将认为冒顿一再忍让，这荒原又是杳无人烟之地，恐怕只得答应割让了。谁知冒顿此次突然说道："千里荒原，杳无人烟，但也是我匈奴的国土，怎可随便让人？"于是，下令集合部队，进攻东胡。匈奴将士受够了东胡的气，这一下，人人奋勇争先，锐不可当。东胡做梦也没想到那个痴愚的冒顿会突然发兵攻打自已，所以毫无准备。仓促应战，哪里是匈奴的对手。战争的结局是东胡被灭，东胡王被杀于乱军之中。

其实，冒顿的这一手实际上就是"绵里藏针"。试想，冒顿如果一点实力都没有，匈奴早晚得让东胡给吞并掉。但如果一味强硬，不但迷惑不了对手，更激不起属下的士气，那么这一仗的输赢也就难说了。

"鹰立似睡，虎行似病。"真正的"方圆"之人是大智慧与大容忍的结合体，有勇猛斗士的武力，有沉静蕴慧的平和；面对大喜与大悲泰然不惊，前进时干练、迅速，不为感情所左右，退避时，能审时度势，全身而退；他们没有失败，只有面对挫折与逆境的积蓄力量的沉默。

老子在《道德经》中说："曲则全，枉则直，洼则盈，敝则新，少则得，多则惑。"意思是说："受得住委曲，方能保全自已，经得起冤屈，事理才能得到伸张，低洼反能盈满，凋敝反得新生，少取反而多得，贪多反而痴迷。”确实，在强大的对手高压下，在面临危机的时候，采取藏巧于拙、装糊涂，扮作“诚实”的样子，往往可以避灾逃祸，转危为安。留得青山在，不怕没柴烧，以拙诚与对手周旋，确实不失为一种高明之术。

人生在世只要运用“方圆”之理，必能无往不胜，所向披靡；无论是趋进，还是退让，都能泰然自若，不为世人的眼光和评论所左右。

“人怕敬，鬼怕送”

好多人是冰棍做的性子，能折不能弯。跟你过几招他干，照顾你几拳他敢，要他服软不行。他们的口号就是：文打官司武打架，软的硬的全不怕。

其实，这种人也不是真的什么都不怕，他也有一样怕的东西，怕什么呢？怕敬。你看《水浒传》里的霹雳火秦明，杀他的脑袋他也不服软，可是宋江往地上一跪，口称将军，自称罪囚，吓得他立马滚在地上叫哥哥，当了朝廷的“叛徒”。

俗话说得好：人敬我一尺，我敬人一丈。这是很普遍的心理。因为每个人都希望得到别人的尊敬。但是，那些聪明的人，不会先要求别人的尊重，而是首先“敬人一尺”，然后自然会得到“人敬一丈”的回报。

大卫·史华兹初创罗兰奴真服装公司时，只有3000美元，聘不起服装设计师，只能生产一些很普通的衣服。一天，史华兹去一家零售商店推销成衣。店老板不屑一顾地说：“你的衣服是三流设计师设计的，也许你的公司里根本就没有设计师。”

史华兹见他一语说中要害，顿时来了兴趣，便坐下来，同他攀谈起来。原来，此人名叫杜敏夫，是位服装设计师，曾在三家服装公司打工。由于老板没眼光，对他的设计总是不满意，他干不多久就只好走人。后来，他一气之下，索性不搞设计，做起了服装生意。

史华兹相信杜敏夫是一个好设计师，便邀请他到自己的公司工作。谁知杜敏夫竟大叫起来："宁可饿死，也不做服装设计师。"史华兹只得暂时作罢。

后来，史华兹一次又一次地拜访杜敏夫，终于使他接受了邀请。尽管杜敏夫脾气古怪，很不易相处，但史华兹却以包容之心，真心实意地接受他。后来，杜敏夫设计出了许多极具创意的时装，帮助公司一举打开了市场。现在，罗兰奴真已成为美国最大的服装公司之一。

闻名全球的时代华纳公司创始人罗斯，年轻时曾在一家殡仪馆任总裁，后来才投资娱乐业，并收购了多家电影、唱片及艺术公司。作为一个外行，要经营一份专业性极强的事业，难度可想而知。但他能够运用内行代他经营，所以他的事业做得很成功。

罗斯求贤若渴，千方百计地将各种人才网罗到华纳旗下。即使暂时用不上，他也要请进来，这个部门不行，就调到另一部门，而且绝不轻易解雇人。

有一次，罗斯收购了大西洋唱片公司，并希望该公司总裁厄地根继续担任原职。厄地根听说罗斯出身于殡仪业，顿生轻视之心，打算挂冠而去。罗斯求贤心切，他特地邀请厄地根的一位好朋友，一起去拜访厄地根。厄地根以为罗斯是个大老粗，用法语对朋友说："我不可能与这些人共事！"罗斯也学过法语，立即用流利的法语回敬道："我将保证你拥有现在的一切权力。"

罗斯的诚意终于使厄地根改变主意，决定留在华纳效力。

在生活中，大部分人都怕别人敬，不怕别人贬低。正像有些人说的：怕表扬，不怕批评。为什么会有这种心理呢？这是因为，要把事情做得漂亮是很难的，马马虎虎对付却很容易。你把他看低，他正好拣容易的做，马马虎虎对付你一下。你把他看高，他却不过你的好意，只好勉为其难地往好里做。

所以，在生活中，为了让对方的表现合乎你的期望，最好是敬着点，千万不要随便贬低别人。否则，他的表现可能像你所说的一样糟糕。

吃什么也不吃“哑巴亏”

前不久，在浙江某市一场中高级人才招聘会上发生了这样一件事：一位祖籍义乌，拥有计算机仿真专业博士文凭的博士生，面对人事经理要他做个自我介绍的简单要求，除了一个劲地要求人事经理看简历外，所做的只是不断地重复诸如自己是哪里人、哪个大学毕业等一些基本信息，结果，很多公司都婉言谢绝了这位博士。瑞笛恩科技有限公司的人事经理说：“我们不会招聘一位沉默寡言，连自我介绍都讲不清楚的员工，哪怕他是博士。”确实，如果一名员工无法清楚表达自己的想法，就很难与其他同事沟通，也就谈不上完成一个团队的任务。

其实，不论是单个的人还是整个社会，都是一个各种因素平衡交织相互作用而形成的系统。系统必须是开放的，不能与其他系统进行沟通的系统只能是垂死的系统。连与他人交流都成问题，即使是博士又能怎么样呢？

善于沟通，是每一个想要成功的人必须具备的首要本领。

几年前，有一对外地来的两口子新开个铺子卖蒸菜：蒸猪肉、牛肉、排骨、扣肉之类。第一次去，那女人对我笑容可掬：“老顾客，我们是自然要优惠的。”我明明是第一次看见她，双方心知肚明。“估计她把每一个人都叫做老顾客吧！”，我这样想。我买她一碗扣肉，她送我一碗土豆。“买一送一。”她笑嘻嘻地说。回去后爱人说她的土豆好吃，于是隔几天我们又去买她的。这一回她可能真的认得我了，笑得更殷勤。我们买了一碗牛肉，再次获赠一碗土豆。我说：“我们是觉得你的土豆好吃才买的呢。”她马上接口：“是呀是呀，老顾客嘛，下次你不买肉光来拿一碗土豆也可以。”菜好吃，人会说，一来二去熟悉了，我成了回头率较高的顾客之一。但凡家里来个客人，总要去买点。

要我说，那位博士不如这个卖菜的女人，卖菜的女人把自己的能力发挥到了极致，提升了自己的生活质量；博士空有一身本领，却成了摆设。

现代社会是一个竞争与合作的社会，有的人在竞争中失败，有的人在合作中成功，这其中奥妙何在？生意场上有“金口玉言”“利言优先”之说；政治场上有“领导过问了”“一言定升迁”之说；文化界有“点睛之笔”“破题之语”；生活中常有“酒逢知己千杯少，话不投机半句多”“生死荣辱系于一言”之说。可见，在现代社会生活中，是否能说，是否会说，以及与言谈交际相关知识能力的多寡，实在影响着一个人的成功和失败。

历史上，孔子运用口语艺术开展教育；晏子使楚口才不凡；苏秦以雄辩之才挂起六国相印；张仪四处游说建功立业；范雎说秦王；触龙说赵太后；蔺相如“完璧归赵”；诸葛亮联吴抗曹，舌战群儒……到了近代和现代，也出了梁启超、孙中山、鲁迅、毛泽东、周恩来、闻一多等等许多能言善讲的大师巨擘。

卡耐基说过："一个人的成功只有15%是依靠专业技术，而85%却要依靠人际关系、有效说话等软科学本领。"可见，想要成功，说话这种技能不可或缺。

总而言之：千亏万亏吃得，"哑巴亏"绝对吃不得。

练就一身软硬功夫

人生在世，待人接物，应当说更多的时候是软的，所谓有话好说，遇事好商量，遇事让人三分……等等，都是人们待人接物中常有的态度和常用方法。但不是所有的时候软的手段都灵验，有的人就是欺软怕硬，敬酒不吃吃罚酒，好话听不进，恶话倒可让他清醒。这样，强硬的态度与手段就成为必要。

到江州渔船上抢鱼的李逵，全无道理，好话听不进，硬是碰到浪里白条张顺。张顺把他诱进水里，水上的硬功夫，把一个铁汉子黑旋风淹得死去活来，他才不敢冒失了，也才真正领教了逞强的苦头。浪里白条张顺，也是软的办法用尽，才来硬的，并且用计把李逵引到水里，让他英雄无用武之地，这样，张顺才可以发挥自己的硬功夫。

就客观情况而言，在人们的交际活动中，软与硬的两手是相辅相成、密不可分的。如果有所偏倚，自己便要吃亏。也就是一个人如果太软，则易给人弱者的印象，觉得你好期负，于是经常受到别人行为、言语、态度的戏弄与不恭。这种现象是普遍的，因为不可能指望人们修养都那么好，公正无欺地待人，而恰恰相反的是，更多的人总多少有点欺软怕硬的毛病。因此，不可一味的软。

当然，与人交际，也不可一味不转弯地强硬。一个人太强必然使人觉得他头上长角，浑身长刺，别人对他的态度是："人狠了不逢，酒酽了不喝。”换句话说就是，人太狠我不惹你，惹你不起还不躲起！这是一般时候的态度。到节骨眼上，别人忍无可忍，墙倒众人推，如张顺和众多渔夫对付李逵，李逵的厄运就难逃了。那时的李逵在水中淹得死去活来，要不是宋江来得及时，再拖延几口气的工夫，只怕李逵就要被张顺丢到江中喂鱼了。

所以，为了生活平安，办事顺利，初入社会的人，或者过分软弱，过分单纯的人，务必要了解软硬两手的效用，心理有点软硬两手交替着用的谋略与准备。

软硬兼施，随机应变，甚至在情场上，对自己所钟爱的人，也要表现得灵活、果断、态度鲜明，而在男女双方，男子更须具备这种心理。

在夫妻之间，也须恰当地有软硬两手。闹矛盾了，翻脸了，须有一方主动和解，抚慰对方，这是软的。但如果是原则问题，感情危机，则必须坚持原则，慷慨陈词，有勇气批评自己从心底爱着的人，不可让步，这是硬的一手。严格地说，只有经得起摔打的爱情才是真实的，在原则上和稀泥，这不是勇者、智者和胜利者的心理状态与行为风格。

所以，软与硬，作为一种谋略，或者作为一种交际手段，无论何种场合，不可偏废。从理论上讲，软，体现友善、修养、通情理；硬则显示尊严、原则和力量。作为软硬谋略的两个方面，存在的基础应是真实与合理，否则，软硬兼施便成了狡诈，虽得逞于一时，终究必吃大亏。

圆润一些好做人

老子说：方而不割，廉而不刿，直而不肆，光而不耀。(《道德经》第五十八章）意思是：方正而不死板，正直而不伤人，率直而不过分，光亮而不耀眼。

老子认为，物极必反，凡事要讲度。世上的事，无不验证了这个道理。比如，好人做过了头，就变成了坏人；好事做过了头，就变成了坏事。好的品格也一样，做过了头，就成了恶习。所以，为人处世，最好圆润一些，凡事不要过度。

如何让自己变得圆润一些呢？老子已经告诉了我们四个要点：

1. 方正而不死板

也就是说，做人要讲原则也要讲变通，办事要讲品格也要讲圆通。古人说："随流性转，乃是常人。"没有自己做人做事的原则，一味随大流，顺从时势，不过是一个普通人罢了。但是，一味讲原则，不看风向，不看势头，不讲方法，也少了几分智慧。俗话说得好："方的不滚，圆的不稳。"做人要有方有圆，才能行得正，坐得稳，吃得开。

查理在一家大公司当人事部经理时，有一次，一位名叫马克的部门经理办错了一件事，惹得老板大发雷霆。老板交待查理，马上写一份辞退通知书，让马克滚蛋。查理知道，因为一件小事辞退部门经理，不符合公司制度。但是，老板盛怒之下。也不便跟他争执。查理答应马上去办，却迟迟不动。

过了几天，老板觉得这件事处理得有点草率，他便找到查理，担心地问："马克的事你是怎样处理的？"

查理说："实在抱歉！这几天我忙于员工培训的事务，还没来得及办理这件事。不过没关系，如果您确信这样做对公司有好处的话，我马上就办……"

"不！"老板松了一口气，开玩笑说，"这件事暂停，直到我觉得那个家伙让我再也无法忍受。”

假如查理只圆不方，按老板的吩咐把马克辞退，他等于帮助老板办了一件错事，那么，老板会欣赏他的办事智商吗？如果他只方不圆，当面跟老板据理力争，可能自己也成了被“炒鱿鱼”的对象，哪有后来圆满的结果？

2. 正直而不伤人

一个正直的人，将天下道义视为自己的责任。对符合道义的事，他尽力扶持；对违反道义的事，他坚决反对。但是，正直的目的是为了维护公共利益，而不是为了伤害别人。所以，在主持正义时，也要尽量照顾到当事者的尊严和感情。

比方说，警察可谓“正义的化身”，他们打击罪犯，是为了伸张正义。但是，罪犯也有人身权利，从正义的立场出发，有义务维护他们的正当权利。那些能做到“直而不肆”的警察，他会提醒嫌犯：“你可以保持沉默。你说的每一句话都会作为呈堂证供。”在态度和行为上，也严格按警察的规范去做。相反，有的警察“嫉恶如仇”，对嫌犯进行语言污辱和身体伤害，这跟罪犯的行为有什么差别？有的警察甚至干脆沦为罪犯，因刑讯逼供而受到法律制裁。这就太过分了！

一个真正成熟有教养的人，应该懂得收敛自己身上的棱角和锋芒，也应该懂得摆正自己的良知和责任。让两者融合无间，这才是“直而不肆”。

3. 率直而不过分

率直的人，坦坦荡荡做人，公公道道做事，没有害人之心，没有损人之意，事无不可对人言。但并不是想到什么就说什么，把隐私、秘密都挂在嘴边，否则就过分了。这是很简单的道理，用不着多谈。

4. 光亮而不耀眼

什么是“光亮而不耀眼”呢？意思是说，要有好的名声，但不能过于显赫。假如你是太阳，也要让月亮和星星有发光的机会。你的名声过于显赫，让所有人黯淡无光，必遭众人所忌。

晋国大夫伯宗因才华出众而朝野闻名。有一天，他退朝后，喜气洋洋地回到家中。妻子问他：“你今天喜形于色，是什么原因啊？”

伯宗答道：“我在朝廷中发言，大夫们都称赞我像阳处父一样机智善辩。”

妻子说：“阳处父这个人，华而不实，能言善辩却没有谋略，因此遭到杀身之祸。他们拿你跟阳处父相比，有什么值得你高兴的呢？”

伯宗不以为然地说：“明天我在家宴请大夫们，你不妨听一听我跟他们交谈。”

第二天，伯宗果然将大夫们请到家里喝酒。席间，伯宗口若悬河，字字珠玑，让其他人相形见拙。送走客人后，妻子说：“他们的才识确实不如你。但你要知道，人们不愿拥戴高高在上的人，灾难必然会降临到你头上，赶快为我们的儿子寻找保护人吧！”

伯宗认为妻子的话有道理，就听从劝告，请贤人毕阳做自己的儿子伯州梨的保护人。后来晋国发生内乱，那些平日嫉妒伯宗的大臣诬陷他参与谋反，将他害死了。幸亏伯宗的妻子有先见之明，他们的儿子才得以保全。

大哲学家休谟说：“人性就是自私。”无论你多么有理由获得名声，别人也会从私利出发，对你的名声提出质疑；甚至不惜损害团队利益来攻击你。当年乔丹名声鹊起时，他的队友会为他带来的胜利鼓掌欢呼吗？没有。他们故意不给他传球，或者传出很刁钻的球，让他失误，让他丢脸。后来，乔丹意识到自己不能独享光荣，就努力帮助队友获得欢呼和掌声，这样，他才成了球队真正的领袖。

我们生存在这个世界，每个人都需要立足之地，每个人都需要荣誉和利益。所以，做人圆润一点吧，不要老是思考自己想做什么和将会得到什么，同时还应该想一想，自己的言行会给别人带来什么好处或坏处？当你学会站在对方的立场上考虑问题，并尽量做有益于人的事，那么，你必然成为一个到处受欢迎的人，你的事业也会更成功。

不在愚人面前炫耀才德

孔子年轻的时候，曾经受教于老子。当时老子曾对他讲“良贾深藏其若虚，君子盛德貌若愚。”意思是说，善于做生意的商人，总是隐藏其宝货，不令人轻易见之；而君子为人，品德高尚，但容貌却显得愚笨。其深意是告诫人们，过分炫耀自己的能力，将欲望或精力不加节制地滥用，是毫无益处的。中国旧时的店铺里，店面上一般不陈列贵重货物，店主们总是把它们收藏起来。

遇到有钱又识货的人，才告诉他们好东西在里面。倘若随便将上等商品摆放在明面上，岂有贼不惦记之理。不仅是商品，人的才能也是如此。俗话说“满招损，谦受益”，才华出众而又喜欢自我炫耀的人，必然会招致别人的反感。所以，无论才能有多高，都要善于隐匿，即表面上看似没有，实则充满了境界。

道家《庄子》一书中还指出“安时而处顺，哀乐不能入也”。这句话的意思是，能够安于时代潮流，因袭自然法则的人，悲哀和欢乐就不会占据他的内心。这是一种自然的生活方式。有一些人为了出人头地，达到自己的目的，往往不顾一切，拼命去争取。而一旦遭到挫折或打击，往往会意志消沉，一蹶不振。实际上，在生活中的确需要认真地工作，可是，如果过犹不及地违背了自然规律，岂不遗憾终生吗？

深藏不露是一种高层次的谋略，也是成大事的基本素质之一。在生活中，我们不难发现，那些口若悬河好出风头，心中藏不住半点秘密的人一定是非常浅薄的。时间长了，也令人反感乃至厌恶。相反那些看来口齿笨拙或者总是隐藏自己才干的人，却往往成竹在胸，计谋过人，更容易成功。

过去说“宰相肚里能撑船”，是说大人有大量，这个“大量”也包括镇定自若，胸中自有百万雄兵，能藏得住秘密，不会显山露水。实际上，宰相肚里的船，不会撑到外面去，心机只有自知。肚里无论怎么计策谋划仍然不动声色，等对手麻痹了，放松了，就可以悄无声息地随意处置对方。或者，至少让人相信你是一个诚实的人，不会陷害或攻击对方，让人对你发生好感，这是一种非凡的人格修养。试想，如果你肚里什么都包藏不住，这边听了那边说，谁还会相信你呢？

所以说，“真作假时假亦真，无为有时有还无”，方圆处世，灵活变通则长治久安。

好用小智是惹祸的根苗

老子说：“不自现，故明；不自是，故彰；不自夸，故有功；不自矜，故长。”这句话的大意是，一个人不自我表现，反而显得与众不同；一个不自以为是的人，会超出众人；一个不自夸的人会赢得成功；一个不自负的人会不断进步。

这世上最聪明的人，真正有本事的人，虽然有才华学识，但平时像个呆子，不自作聪明；虽然能言善辩，但好像不会讲话一样。无论是初涉世事，还是经验颇丰，无论是做大事，还是一般人际关系，锋芒不可毕露。有了才华固然好，但在恰当的时机运用才华而不遭人忌，才算是更大的才华。

相反，如果锋芒毕露，好用小智，喜欢跟人争长论短，最容易招惹是非。

东汉孔融是孔子的二十世孙，小时候聪慧过人，后来被汉献帝征至朝廷为官，十分受倚重。孔融对曹操垄断朝中大权，挟天子以令诸侯十分不满，经常冷嘲热讽。曹操打败了对手袁绍，将袁绍的儿媳甄氏送给自己的儿子曹丕为妻，孔融便写信给曹操道："当年武王伐纣，将纣王的妃子妲己赐给了周公。"曹操问他这件事什么典籍上有记载，孔融回答："以今天的事情去推测，那时大概当然会这样了。"既自以为是，又明显地表示出对此事的反对。曹操主张禁酒，说酗酒可以亡国，孔融回答说："夏、商两朝是由于妇人而失天下，现在却不禁止婚姻；看来阁下之所以极力主张禁酒，只是因为打仗需要军粮，并不是怕什么亡国吧！"揭露了曹操以大帽子唬人的手段。

对孔融的屡屡讥讽，曹操自然十分恼火，早就欲除之而后快，可考虑到他的名声太大，随便杀掉，必然使自己落下个"害才""杀才"的恶名，一直隐忍下来，后来实在难以忍受，便指使他手下一个名叫路粹的人出面告发孔融，罪名有两条：一是不忠，看到天下大乱，想要图谋不轨，声称自己是圣人之后，应当取刘氏天下而代之；二是不孝，说父亲对儿子有什么可亲的，他当初只不过为了发泄情欲才弄出来孩子，还说儿子对母亲也不必那么孝顺，人托生母体，只不过像是一个物体装在瓶子中一样，生出来以后也就断绝关系了。有了不忠不孝的大罪名，曹操杀起孔融来便名正言顺了。

于是，孔融就这样空有才华未得施展就死于曹操之手。看来，不会隐忍，看哪儿都不顺眼，横加指责，的确不是明智之举。

一个聪明而富于洞察力的人身上经常隐藏着危险，那是因为他喜欢批评别人。雄辩而学识渊博的人也会遭遇相同的命运，那是因为他暴露了别人的缺点。因此，做人要谨记这一点：深藏不露才是最好的自保之道。

第五章 心里多一分宽容，人生少一分阻碍

抛弃好为人师的习惯

孔子说："三人行，必有吾师"，这句话非常实在，因为人各有所长，智慧也各有高低，因此人应在人群中寻找可以启发自己智慧的人。对自我成长而言，孔子的这句话是相当有价值的。

在人群中，你以别人为师，除了可促使自己成长之外，也可以满足对方的优越感及虚荣心，很多老师一教就是一辈子，多多少少也有这种被满足的心理。

不过，在人性丛林里，"好为人师"却不是件好事。

这里的"好为人师"指的不是"喜欢当老师"，而是喜欢指点、纠正别人。

有一种人，喜欢在工作上指出别人的错误，并"贡献"自己的意见，也喜欢在言语上指正别人的缺点，例如交友方式啦、衣服发型啦、教育子女的方法啦……

这种人有的纯粹是一片善心，对旁人的错误无法袖手旁观，有的则是自以为是，认为别人观念有问题，只有他的才是对的。

不管基于什么心态，也不管你的意见是对是错，是好是坏，一旦你主动提出来，你就犯了人性丛林里的忌讳——侵犯了人性里的"自我"！

你要知道，每个人都在努力建立一个坚固的自我，并经由外在的行为来检验自强坚固的程度，你若不了解此点而去揭露他的错误，他会明显地感受到他的自我受到你的侵犯，有可能不但不接受你的好意，反而还采取不友善的态度。尤其是工作，你的热心，根本就是在否定他的智慧，甚至他还会认为你是在和他抢功劳，总之，他是不太领情的。

所以“好为人师”是人际关系的障碍。如果你非要“为人师”不可，则必须建立在几个基础上才行：

——两人关系密切。你基于“义”而提出，他有可能会接受你的意见，但不接受的可能性相当的高，这是人性，没什么道理好说。

——你在他心目中够分量。所谓“人微言轻”，如果他一向敬重你，那么他有可能接受你的意见，但表面听从，私下不理的可能性也很高。如果分量不足，那就别自讨没趣。

——你是他的长辈或上司。基于伦理及利害关系，你的意见他有可能会接受，但，也不尽然……

总而言之，人都有排他性，有“虽然知道不对也要做下去”的自我毁灭意识，这是他个人的选择，因此，与其“好为人师”招惹麻烦，不如去“拜人为师”求自己成长。

努力使人产生尊严感

有一条十分重要的为人处世准则，如果你足够重视这条准则，它能帮助你赢得大家的喜爱，它能帮助你摆脱困难的境地。能成大事的人往往十分重视这条准则。

这条准则就是：“努力使人感到他的尊严。”

如何实行这条准则呢？其要点是：肯定他人的存在，尊重他人的意见，承认他人的优点。

你想得到他人的赞扬，你想让别人承认你的优点，你想闯出自己的一片天吗?

通常你遇到的每一个人，都会有一种高人一等的优越感。所以有必要让他明白，你承认他的优势并肯定他的存在，并且真诚地承认和肯定——这是打开对方心扉的钥匙。

回想爱默生的话:“我遇到的每一个人都在某方面超过了我，我努力在这方面向他学习。”

但也有这样一些人，他们毫无根据地以为自己是杰出的人，还凭空狂妄自大。

如果你想让你的事业走向辉煌，在家里，任何时候都不要批评你妻子不太会做家务，更不要把她是否擅长做某项家务同你的母亲作对比。记得要夸奖妻子，并为自己娶了这样的妻子而感到骄傲。甚至肉煮得过火、面包烤焦了也不要唠叨，只需要说一声，这次做得不如往常香。这样，她将努力做好一切，使你保持以往对她的看法。但是，你不要突然这样做，不然会引起她的怀疑。今天或明天你给她买一束鲜花或一盒糖果，不能只在口头上说:“对，我应这样做”，而是付诸行动。对妻子要时常微笑，要温柔地对待她。如果夫妻双方都这样做，未必就有这么多人离婚。

因为一个成功的男人背后定有一位贤惠的女人，当然更要有一个温馨的家庭，你从家庭方面入手能做到很好，外界的人际关系自然也就不难解决。

如果，你想让人们高兴，不妨这样做:

其一，不在争论中抢占上风。成大事的人是很少与人争吵的。

本杰明·富兰克林说:“如果你与人争论和提出异议，有时也可取胜，但这是毫无意义的胜利，因为你永远也不能争得发怒的对手对你的友善态度。”

请好好思考思考，你更想得到什么呢，是想得到表面的胜利还是别人的支持？二者兼得的事是很罕见的。

在争论中你的意见可能是正确的，但要改变一个人的看法，却并不容易。

其二，不坐满整张椅子。假如你正在很认真地向一个人解说某件事，对方却深深地靠入沙发中，并且还把上半身也深深地陷入沙发中，你会有什么感受？如果对方是上司，那还没什么话说；如果是同事，你可能就会对他说：“你能不能认真地听我说？”为什么生气呢？因为将身体深深地陷入沙发这一姿势，在别人的眼中，看起来就是一种极不认真的态度。特别是连上半身也深深地陷入沙发中，给人的印象将会更为恶劣。

相反地，只坐椅面的前三分之一部分，给人的印象会更好。尤其是采用这种坐姿时，身体的上半身会自然地前倾，可能会给对方聚精会神的感觉，因此会给对方做事积极的印象。好好利用这一效果，可以更有效地表现自我，给对方留下好印象。

其三，边听边记笔记。在你讲演时，或许有一些听众拿着笔记本边听边记，你就会不由得对这些人产生好感。

因为记笔记不但表示想要留下一份记录，还显示了想将对方所说的话纳其精华的积极态度。

当然任何人都不想把没用的话记下来，也就是说，我们做笔记表示已经认同对方说话的内容，是尊重对方的一种表现。

好好利用这种心理，可以使对方感受到我们的诚意。通常上司对我们说话时，就是再无聊的话我们也不得不听，此时若能采用记笔记的方式，不但能消除无聊感，还可以给上司留下好印象。

该道歉时立即道歉

道歉并非耻辱，而是真挚诚恳的表现。

真正的道歉意味着你很在乎彼此的关系，传递着希望重归于好的信息。认错可以冰释前嫌、恢复感情，但你必须马上行动。

真正的道歉不只是认错，它承认你的言行破坏了彼此的关系，而你对这关系十分在乎，所以希望重归于好。

人孰无过，我们都需要学会道歉的艺术。扪心自问，看看你是否毫不留情地妄下断言，说出伤人的话，牺牲了朋友的情谊；再想想看，有哪几次你诚心坦然地表示了歉意。有点惶恐是不是？惶恐的原因正在于我们良心不昧，深知稍有过错也难免有误会，知道除非道歉，否则会内疚于心。

承认自己不对，心里会很难受，做起来更不容易。不过一旦面对现实，不再倔强，便会发现认错对于冰释前嫌和恢复感情确有奇效。

切记道歉并非耻辱，而是真挚和诚恳的表现。所以道歉要堂堂正正，不必奴颜婢膝。你想把错误纠正，这是值得尊敬的事情。须知，伟人有时也会道歉。丘吉尔起初对杜鲁门的印象很坏，但后来他告诉杜鲁门说以前低估了他是以赞美的方式做出的道歉。

如果你觉得道歉的话说不出口，你可以用别的方式来代替。吵架后，一束鲜花能够顿释前嫌；把一件小礼物放在餐碟旁或枕头底，可以表示悔意，并示爱心不渝；大家不交谈，触摸也可传情达意，千万不要低估这“尽在不言中”的妙处。

假如你认为有人得罪了你，而对方又没有致歉，你应该冷静对待，不要闷闷不乐，更不要生气。写一封短笺，或由友人传话，向对方解释你不快的原因，并向他表明你很想排除这烦恼。

应该道歉时，就马上道歉，耽搁愈久就愈难启齿。有时甚至追悔莫及。当然，你如果没有错，也不必为了息事宁人而认错。这是没骨气的做法，对任何人都无好处。但如果你想向某人道歉，就应该立刻去想办法，写封信，打个电话，有所表示；送本书，一盒糖果，表达歉意，或者用其他任何足以传递心声的东西，来代你表示人间最能化干戈为玉帛的：三个字："对不起。"

学会忍受愚蠢之人

生活最重要的准则在于懂得如何忍受一切。包括忍受愚蠢的人。这是智慧的真谛。容忍愚蠢需要极大的耐心。有时最令我们痛苦的人正是我们最依赖的人，如果我们不想静居独处，除了忍耐，没有别的更好的途径。

愚蠢的人有两个明显的特点，即自私自利和自以为是。如果一个人只有其中一个特点，那还算不上太愚蠢，当这两个特点汇合在一起，才是麻烦的根源。

他们固执己见，决不肯承认自己的认知之外还有新的天地，所以要想说服他们，非常困难；

他们目光短浅，为了一点蝇头小利，就不惜将大家共同遵守的规则抛在一边；

他们心地阴暗，为了一个小小的心灵冲动，就不惜挑起事端，以达到打击贬损别人的目的。

对这种愚蠢的人，你想改进他们，十分困难，至少不是三五日的事情；你想逃避他们，势必不可能，因为他们跟你的工作与生活紧密相关，甚至还是你自己的亲人。

那么怎么办呢？首先是要学会忍受他们。

1. 从利弊角度考虑问题

那个人在你面前说蠢话，做蠢事，你该以何种态度对待？这并无一定。假如那个人的蠢话和蠢事对你并无妨碍，那就由着他好了。你明明知道他在说一些偏离真理甚远的谬论，甚至是在撒谎，在散布谣言，你也没有必要非揭露他不可。就算自己是傻瓜，听不懂他的话好了。这样会对你造成什么损失呢？假如你急于表现自己并不蠢，将他得罪，这样对你又有什么好处呢？

除非他是你的至亲，你才有必要冒着被怨恨的风险去改进他的愚蠢，但也不能操之过急。愚蠢不是一种那么容易医好的病。良医治病，重于培根固元，这不仅对病人有利，对自己也有利。

假如你懂得用利弊分析人的关系，愚蠢的人也就不是那么难以忍受了。

2. 对他人做的蠢事，慎重对待

当他人做的蠢事有可能伤及你的利益时，怎么办为好？那要看这种利益值不值得你去争，有没有机会争到手。如果既值得又有机会，那就当仁不让。一旦决定要争，就要准备充分，全力以赴，力求胜利。

如果那种利益不值得你去争，或者你很难争到手，那就让人一步好了。人生好比行路，总会遇到道路狭窄的地方。每当此时，最好停下来，让别人先行一步。如果心中常有这种想法，人生就不会有那么多冲突碰撞，也不会有那么的伤痕和泪痕。即使终身让步，也不过百步而已，能对人生造成多大的影响呢？你经常让人一步，别人心存感激，也许会让你一步，哪怕一条小路也走得顺顺当当。你事事不肯让人，别人也会设法阻碍你，损伤你，即使一条通天大道，也会充满险阻。

3. 对他人的蠢话无须太敏感

愚蠢的人总喜欢在背后说三道四非议别人，也许他们是想通过贬低别人达到抬高自己的目的，也许他们只是想发发牢骚而已，并无恶意。如何面对这种蠢话呢？

一位大公司的总裁说："我早年对这种事情非常敏感。我当时急于要使公司里的每一个人都认为我非常完美，要是他们不这样想的话，就会使我忧虑。只要哪一个人对我有一些怨言，我就会想法子取悦他。可是我所做的讨好他的事情，总会使另外一个人生气。然后等我想要满足这个人的时候，又会惹恼另外的人。最后我发现，我越是想讨好别人，以避免别人对我的批评，就愈会使我的敌人增加。所以最后我对自己说：'只要你超群出众，你就一定会受到批评，所以还是趁早习惯的好。'这一点对我大有帮助。从那以后，我就决定只尽我最大能力去做，把我那把破伞收起来，让批评我的雨水从我身上流下去，而不是滴在我的脖子里。"

绝大多数事业比较成功的人都遭遇过不公正的指责，即使那些伟大人物也不例外。比如，美国最伟大的总统乔治·华盛顿也曾经被人家骂做"伪君子""大骗子"，还说他是一个"只比谋杀犯好一点点的人"。有张报纸上的漫画画着他站在断头台上，那把大刀正准备把他的头砍下来；在他骑马从街上走过的时候，一大群人围着他又叫又骂。

他的战友、起草《独立宣言》的杰佛逊，在竞选总统时，得到过这样的评价："如果这个人当选了总统的话，我们就会看见妻子和女儿成为合法卖淫的牺牲者。我们会大受羞辱，受到严重的损害。我们的自尊和德行都会消失殆尽，使人神共愤。”

不公正的指责至少有一个好处：使我们明白自己在做人做事方面远未臻完善，还大有努力改进的余地。

傻人遭到一点点不公就会发起脾气来，可是聪明人却急于从这些责备他们、反对他们和“在路上阻碍他们”的人那里，学到更多的经验。所以，美国名诗人惠特曼这样说：“难道你的一切只是从那些羡慕你，对你好，常站在你身边的人那里得来的吗？从那些反对你，指责你，或站在路上挡着你的人那里，你学来的岂不是更多？”

中国有句古话：“木秀于林，风必摧之；堆出于岸，流必湍之；行高于人，众必非之。”

如果你想表现得比庸人优秀，你就要习惯与他人的蠢话为伴。而当你真的遭到不公正的批评时，不妨把卡耐基这句话默念三遍：“不公正的批评通常是一种伪装过的恭维。”

像水一样柔而不弱

老子说：“柔弱胜刚强。”意思是说，柔弱的东西能战胜刚强的东西。

关于“柔弱胜刚强”，有一个发生在老子身上的故事。据说老子是常摐的学生。有一天，常摐生病了，老子前去探望，问：“老师病得很厉害，难道没有什么话要教导学生的吗？”

常摐说：“你即使不问，我也要告诉你。经过故乡要下车，你知道为什么吗？”

老子说：“经过故乡要下车，不就是别忘故旧吗？”

常摐说：“嘿！是的。遇到扶丈的人要赶快迎上去，你知道为什么吗？”

老子说：“遇到扶丈的人赶快迎上去，不就是要尊敬老人吗？”

“嘿！是的。”常摐说。他又张开嘴巴让老子看，“我的舌头还在吗？”

老子说：“还在。”

“我的牙齿还在吗？”

“没有了。”

“你知道为什么吗？”

“舌头还在，难道不是因为它柔弱吗？牙齿没有了，难道不是因为它刚强吗？”

常摐赞赏地点点头，说：“嘿！是的。天下的道理都在这里了，我已经没有别的话要告诉你了！”

在这个故事中，常摐认为不忘故旧、尊敬老人、保持柔弱，已包含了为人处世的一切道理。其实以上三条可以合而为一：柔弱胜刚强。老子在《道德经》中不谈不忘故旧、尊敬老人，因为它们已经包含在柔弱中了。试想，轻视故旧、对老人无礼，不是“刚强”吗？

“柔弱胜刚强”这句话，确实已包含了为人处世的一切道理。假如一个人能在任何时候都保持柔和的心态、柔和的神态、柔和的语言，用柔和的方式办事，他将无往不利。

在生活中，我们可能遇到别人无礼的对待，这时候，以无礼反击无礼，只会引起更强烈的人际冲突，最后结果如何，难以预料。即使你最后赢了，也难免在对方心里留下怨恨。如果你保持温和的态度，就能有效化解别人强硬的态度，立于不败之地。因为在你面前，别人的强硬，就像一块石子投于水池，将消失得无影无踪。

有一个例子：1969年，美国巨商哈默在利比亚租用了两块油田。开采过程中，他跟利比亚政府在开采数量和价格问题上产生了分歧。双方为此举行了谈判。哈默的谈判对手是利比亚的第二号人物贾卢德。

为了迫使哈默就范，贾卢德居然将一挺机关枪带到了谈判桌上，还有意无意地将枪口对准哈默。对此，哈默视而不见，他平静地站起来，走到正在大声辱骂的贾卢德身前，将双手友好地放在贾卢德的肩上，表现出父辈对年轻人粗鲁无礼的谅解。结果，贾卢德像个泄了气的皮球，收起了强横的态度。最后，双方互作让步，终于达成协议。

哈默没有说一句狠话、硬话，却把对方打得大败，即此可见柔弱的力量。

假如对方蛮不讲理，用粗暴的态度伤害我，我的柔弱还有用吗？这个问题很难回答，关键在于，他为什么要粗暴地对待你呢？你的言行是否恰当呢？他是否还有人性呢？假如你的言行没有给对方造成伤害，你的态度没有使对方受到刺激，对任何一个稍具人性的人，都可以达到“柔弱胜刚强”的结果。

请看一个故事：二战后，留下大批孤儿。他们在严寒的冬天里缺衣少食，处境十分令人同情。有一位善良的老人，成立了一个基金会，向好心人募捐，救助那些可怜的孤儿们。他每天东奔西走，劝说人们为这项慈善事业奉献一点爱心。人们对此态度不一，有的人慷慨解囊，有的人捂紧口袋，有的人交口称赞，有的人笑他多管闲事。

有一天，老人来到一家饭店，向几个正在里面打牌的闲客募捐。其中一个人大概是输了钱，情绪很激动，冲老人大骂道：“滚开，你这个老骗子！”骂完，还将一口浓痰吐在老人脸上。

老人取出手帕，平静地擦去脸上的浓痰，然后，对那个无礼的家伙说：“属于我的那一份，我已经得到了。先生，我的孤儿们又能从您这儿得到什么呢？”

那个人羞得无地自容，很久不能做声。然后，他低着头，将身上的钱全部掏出来，默默地放在老人手上。

这位老人，面对突如其来的羞辱，居然能心平气和地承受，其道行之深，已达到“猝然临之而不惊，无故加之而不怒”的境界，令人惊叹。结果，被羞辱的反而是施加羞辱的人。他为什么有此定力呢？因为他从事的是一项舍己为人的事业，问心无愧。所以说，真正的“柔弱”功夫要从正道上做才容易提升境界。

老子的三件“神奇宝贝”

老子说：“我有三宝，持而保之：一曰慈，二曰俭，三曰不敢为天下先。（《道德经》第六十七章）意思是说：我有三件宝贝，始终持有并运用它们。一是柔弱，二是俭朴，三是不敢跟天下人争先。

老子“三宝”中的“一曰慈”，似应作“雌”，是柔弱的意思。因为仁慈虽是一种美德，但并不是老子弘扬的道。故本处以柔弱解，是否妄解，以待识者自辩。

对于“三宝”，老子还有一大段解释：只有柔弱，才勇于退让；只有节俭，才生活宽裕；只有不敢争先，才会受人尊重。

老子还说：如今的人，舍弃柔弱而逞勇斗狠，舍弃节俭而求生活宽裕，舍弃谦逊而求受人尊重，这是自寻死路啊！大凡柔弱的人，战可以攻无不克，守可以固若金汤，上天也会救助他，因为他的柔弱而庇护他。

老子的三件“宝贝”，很有实用价值。这些都是“软兵器”，智者运用它们，就像神话中的“捆仙索”一样灵验。

1. 柔弱之宝，可避免无谓争斗

在生活中，很多人强而不弱，遇到一点小事也会争执不休。他们的观念是：“文打官司武打架，软的硬的全不怕。”比如，在公交车上，有的女士被人轻轻碰一下，也要骂骂咧咧老半天；在街头巷尾，有的男士因一语不合，也要跟人抡上几拳。其结果，不仅搞坏了心情，还可能产生更严重的后果。为一些鸡毛蒜皮的小事，将自己陷身在麻烦之中，不是很不明智吗？

如果身怀柔弱之宝，并且知道柔弱的妙用，却可以大事化小，小事化了。

2. 节俭之宝，可化解生活压力

经济拮据，心里就有无穷的压力；生活宽裕，心情就轻松得多。但是，生活是否宽裕，不仅取决于收入多寡，也取决于是否有节俭的习惯。有些人收入一般，却过得很富足；有的人收入不菲，生活却很拮据。比如那些大企业的高级白领，收入比一般人高好几倍，却常有缺钱花的苦恼，原因是太过奢侈。正如老子所说，不求节俭而求生活宽裕，是根本办不到的。所以，明智的人，量入为出，无论收入多寡，都以俭朴为宝，这样就可以避免陷入“经济危机”的漩涡。

苏东坡是我国北宋时著名的文学家，他在任何情况下，都注意节俭。在朝廷担任高官的时候，收入不菲，但生活从不讲究奢华。在饮食上，他给自己定下了这样一个规定：每顿饭只能是一饭一菜，如有客人来，需同他一起进餐时，也只能增加两个菜，不能再多。如果有人请他去吃饭，他也要事先告诉主人：不许铺排，否则，他就拒绝前往。

后来，苏东坡遭到贬谪，收入减少，生活困难，他更是节俭度日，从不乱花一分钱。为此，他还订了一套特殊的计划开支的方法：首先把所有的收入和手边的钱计算出来，然后将这些钱平均分成十二份，每月用一份；每份中又平均分成三十份，每日只用一份。这些钱全部分好后，苏东坡把它们统统按份挂在屋梁上，然后每日清晨挑下一包。拿到一包钱后还要计算开支，能不买的就不买，一日下来，最终开支只准节余，不准超支。节余下的钱，苏东坡把它们放到一个竹筒中，专门用于家中的意外开支。

就这样，他的生活虽清苦，精神却很充实。有一位朋友，担心收入菲薄，支持不到年底。苏东坡说："我估计手中的钱还可支持一年有余，到那时再做计划，水到渠成，不需预虑。因此心里没有什么负担。"

做人能做到"心里没有什么负担"，生活品质就比较有保障了。这全是节俭的功劳啊！

3. 谦逊之宝，可赢得尊敬。

谦逊的用途最广，无时无地不可用。尤其是那些取得一定成就的人，更应该将这个宝贝随时带在身边。有的人故意炫耀自己来抬高身价，殊不知，谦逊之德更足以证明自己的伟大。

布克是一位黑人教育家。他为人谦逊、衣着简朴，从外表上，谁也看不出他是一位知名人士。他出任杜斯凯吉大学校长时，有一天，他下班后步行回家。路过一座富人家的别墅时，房子的女主人招手叫他："喂！你过来一下好吗？"

布克抬头一看，他并不认识这位妇女。不过这不奇怪，名人嘛，认识他的人肯定比他认识的人多。于是，他走过去，彬彬有礼地问："夫人，有什么需要我帮忙的吗？"

女士说："你能帮我劈一点柴禾吗？我会付给你三美元。如果你干得又快又好，我会多给你半美元。"很显然，她将布克当成了一个打杂工人。

布克说："好的！"他卷起袖子，卖力地干起来。他干得又快又好，不到一小时，就劈了一大堆。他把劈好的柴禾送到厨房，整整齐齐地码好，然后悄悄离开了。

女士觉到很奇怪：那个黑人为什么不领工钱就走了呢？

这时，邻家的女主人走过来问她："你是用什么方法让布克校长亲自替你劈柴禾的？"

女士大吃一惊，这才明白犯了一个愚蠢的错误：她居然将一位体面的绅士当成了粗使工人。第二天一大早，她便来到杜斯凯吉大学，诚心诚意地向布克道歉。

布克温和地说："这没什么，夫人！我喜欢工作，也喜欢为朋友做点事情。"

女士为布克不凡的人格所折服。为了间接地帮布克的忙，她说服一些有钱的朋友，给杜斯凯吉大学捐了一大笔钱。

在这个故事中，布克被人看成社会名流时，他虚心地接受；被人看成粗使工人时，他也虚心地接受，不摆高姿态，不刻意证明自己的身价。这正是一种"不敢为天下先"的作风。

有些人非常在意别人是否尊重自己，非常反感别人看低自己，这虽是人之常情，其实没有什么意义。一个人不是被别人看低的，也不会被人看高。这主要取决于他本身的高度。与其要求被人看高，不如加倍努力，自我提高。

真正的高手好像平平常常

老子说："善为士者不武，善战者不怒，善胜敌者不争，善用人者为之下。"（《道德经》第六十八章）意思是说：善于为帅者，看不出武勇的样子；善于作战者，不轻易动怒；善于获胜者，不跟敌人舍命搏斗；善于用人者，对别人总很谦逊。

以上都是"不争之争"的方法，老子给予了高度评价：这叫做借助别人的力量成为自己的力量；这叫做顺应天道，妙合自然；这是自古以来最好的方法。

在这里，老子并非纯粹讲兵法，它不仅可以用到军事上，也可以用到人生竞争的各个方面。

在生活中，我们经常能看到这样的领导人：

从外表看，平平常常。既谈不上英俊，也谈不上丑陋，不过倒是慈眉善目、和蔼可亲，并不令人讨厌。

从才能看，平平常常。或者干脆说，你根本不知道他到底有无才能。因为你极少看见他亲自办理具体事务，也很少听见他发号施令。

从个性看，平平常常。你根本看不出他有什么明显的倾向，搞不清他到底喜欢什么、讨厌什么，也从没见他发过脾气。

从工作看，平平常常。他每天就是坐在那里打打电话，签个字，偶尔召开一个会议，也没见他做多少事。奇怪的是，在他的领导下，整个团队的工作却一切运转正常，业绩良好。

这样的领导人看起来平平常常，其实是真正的高手，属于老子所说的“不武”“不怒”一类。虽然“不武”“不怒”，却善于“胜敌”。在团队竞争方面，由于他为人谦逊，乐意让下属表现才干，“善为之下”，所以，下属乐于效力，潜力充分发挥，整个团队的竞争力很强；在个人冲突方面，他也同样善于“胜敌”。比如某个员工心怀不满，气势汹汹地跑来找岔子，他一路“太极拳”打下来，这位员工马上消了气，眉开眼笑地走了。最低限度，也被他搞得晕晕乎乎，对自己的做法是否正确产生怀疑。

请看一个故事：唐朝张宰相担任刺史时，跟本州参军关系不睦。参军总想找机会给刺史制造麻烦。有一天，刺史的家僮骑着马，匆匆从参军身边经过，没有下马请安。这在当时是失礼行为。参军假装大怒，追上去，将家僮拉下马，用皮鞭一顿猛抽，打得皮开肉绽。然后，他提着马鞭来见刺史，叙述经过后，说：“我打了您的家僮，请让我走吧！”

这等于将了刺史一军：如果刺史不同意他辞职，等于输了一招；如果同意他辞职，又有公报私仇之嫌，反而被他抓住把柄。这时，刺史不动声色，淡淡地说：“奴才见了官人不下马，打也可以，不打也可以；官人打了奴才，走也可以，不走也可以。”

参军不知所措，站在那里想了半天，不知道刺史认为他打得对还是不对，不知道刺史让他走还是不走。他默思半晌，说不出一句话，只得躬身告退。自此，他再也不敢找刺史的麻烦了。

这位刺史可以说是一个平平常常的高手，他既没有大发雷霆，也没有运用某种聪明的手段，三言两语，就达到了“胜敌”的效果。

那些平平常常的高手，往往有某种超凡之处，只是我们不容易看到罢了。那些优秀领导者，表面看脾气温和，但涉及原则问题，却是寸步不让，甚至不惜身家性命来维护团队的原则。这就不是一般人能做到的了。

晏子是齐国名相，别看他只是一个文弱书生，在大是大非面前，却有超常的勇气。那时齐国权臣崔抒谋反，控制了国政，并召集朝中大臣们在自己家里歃血为盟。他指天发誓说："不亲附崔氏而亲附齐国公室的人，将遭天打雷劈！"

不少大臣都按照崔杼的话发了誓。轮到晏子时，他低下头含了血，也指天发誓："不依附齐国公室而亲附崔氏的人，将遭天打雷劈！"

崔抒勃然大怒，用矛顶住他的胸膛，用戟勾住他的脖子，威胁道："你还是把话改回去吧，这样我就会和你共享齐国。你要是不改的话，哼哼，你应该知道后果！"

晏子面不改色心不跳，镇定地说："崔抒，你难道没有学过《诗》吗？《诗》上说：'密密麻麻的葛藤，爬上树干枝头。和悦近人的君子，不以邪道求福。'君子不以邪道求福，那我更不能够如此。你考虑一下我的话吧！"

崔杼想了想，叹息道："这是个贤德的人，我不能杀死他！"于是把晏子放了。

晏子以为人机智、善于变通著称，历史上留下了他不少智慧故事。为什么他面对崔抒时，却以硬碰硬，不思变通呢？因为原则问题不是可以变通的。

总之，优秀领导者胜在结果上，而不是胜在傲气上。这正是他们最可贵的地方。

不要踮起脚尖与人比高

老子说："跂者不立，跨者不行，自见者不明，自是者不彰，自伐者无功，自矜者不长。其于道也，曰余食赘行。物或恶之，故有道者不处。"（《道德经》第二十四章）其意是：踮起脚尖争高，也高不了多久；甩开大步比快，也快不了多远；自我表现的人，其实一知半解；自以为是的人，只会被人嫌恶；自吹自擂的人，反而徒劳无功；自鸣得意的人，不会被人尊重。这样的行为，就像吃饱了还拼命吃一样，就像画好了蛇还要添上足一样，只会让人觉得好笑罢了。

老子所说的"踮起脚尖争高、甩开大步比快的行为有四种：自我表现、自以为是、自吹自擂、自鸣得意。这些行为有违自然之道，对自己没有任何好处，只会惹下意想不到的麻烦。

为什么说"自我表现的人，其实一知半解"呢？大千世界无穷，人的智力有限。在无穷无尽的世界面前，我们其实非常缺乏常识。就像《盲人摸象》中那些瞎子，摸到一只耳朵，就说大象像一把扇子；摸到一条大腿，就说大象像一根柱子，然后坚持认为自己是对的。

一位大师说："我们不是看到事实，我们只是对看到的东西加以解释并称之为事实。"真正对某件事、某种现象、某门学问有过深入研究的人，他就会发现，他知道得越多，他眼前的未知空间越大，从而必生敬畏。反而是那些一知半解的人，他浅尝辄止，摸到"大象"的一只耳朵，就以为知道了"大象"的全部，敢于向人表现自己的聪明和博学。这就是说，"无知者无畏"。因为无知，所以不怕贻笑大方。

为什么“自以为是的人，只会被人嫌恶”呢？一位大师说：“对世界上任何事情，都有两个以上的观点存在。”好比从南京到北京，有人从效率出发，认为应该坐飞机；有人从安全出发，认为应该坐火车；有人从方便出发，认为应该坐小车；有人从经济出发，认为应该坐轮船；甚至有人认为，边走路边观光，一举两得也蛮好。无论你持哪种观点，都会有不同意见存在。

在观点不一致的情况下，应该怎么办呢？美国民主先驱杰佛逊曾提出过一个准则：“我不同意你的观点，但我誓死捍卫你发表意见的自由。”明智的人，在坚持自己意见的同时，也要允许别人发表不同意见。自以为是的人，认为真理已经抓在自己手里，别人的观点都是谬见，对所有不同意见都置之不理。这等于剥夺了别人发表意见的自由，当然会让人嫌恶。

为什么“自吹自擂的人，反而徒劳无功”呢？“人往高处走”，这是一般人的特性。没有人愿意看见别人站得比自己高。如果你本来就比对方高，对方也不得不接受事实。如果你踮起脚尖，自我拔高，这正好为对方提供了攻击你的把柄，你将会被贬得比你的实际高度更低。社会上不少知名人士，论才华、论品行，都在大多数人之上，可是最后却被媒体贬得既无能又品格低下，大概是因为他们过于张扬吧！

为什么“自鸣得意的人，不会被人尊重”呢？没有人愿意看见对方表现得比自己优越。俗话说：“一家饱暖千家怨。”你比别人有权有钱有才华，虽然并不碍人什么事，毕竟会给他人带来心理刺激。比如邻居的女人就会拿你贬低自己的丈夫：“你瞧人家多有能耐，就你没出息！”那个倒霉的丈夫因为你的存在受到奚落，心里能没有一点嫉妒吗？他不记恨你就已经算修养比较好了，“尊重”二字是谈不上的。

所以，最好把优越感收起来，不要有一点长处就拿出来表现，这样对别人的刺激比较小一点。如果你表现得谦虚谨慎，让别人觉得有面子，这样，他才可能尊重你。

第六章
会说话，得天下

获得令人喜悦的“超能力”

要是有人问你：“会说话么？”你怎么想？

我不知道你会不会，但我知道包括我在内的很多人不会或者说不真正会。

有家父子冬日在镇上卖便壶（俗称“夜壶”。旧时男人夜间或病中卧床小便的用具）。父亲在南街卖，儿子在北街卖。不多久，儿子的地摊前有了看货的人，其中一个看了一会儿，说道：“这便壶大了些。”那儿子马上接过话茬：“大了好哇！装的尿多。”人们听了，觉得很不顺耳，便扭头离去。在南街的父亲也遇到了顾客说便壶大的情况。当听到一个老人自言自语说“这便壶大了些”后，马上笑着轻声地接了一句：“大是大了些，可您想想，冬天夜长啊！”好几个顾客听罢，都会意地点了点头，继而掏钱买走了便壶。

父子两人在一个镇上做同一种生意，结果迥异，原因就在会不会说话上。我们不能说当儿子的话说得不对，确实，便壶大装的尿多，他是实话实说。但不可否认，他的话说得欠水平，粗俗的语言难以入耳，令人听了很不舒服。本来，买便壶不俗不丑，但毕竟还有些私秘的因素在内。人们可以拿着脸盆、扁担等大大方方地在街上走，但若拎着个便壶走在街上，就多少有些不自在了。此时，儿子直通通的大实话怎么能不让买者感到别扭呢？而那个父亲则算得上是一个高明的推销商。他先赞同顾客的话（“大是大了些”），以认同的态度拉近顾客的距离，然后又以委婉的话语说“冬天夜长啊”，这句看似离题的话说得实在是好，无丝毫强卖之嫌，却又富于启示性。其潜台词是：冬天天冷夜长，夜解次数多且又怕冷不愿意下床是自然的，大便壶正好派上用场。这设身处地的善意提醒，顾客不难明白。卖者说的在理，顾客买下来也就是很自然的了。

唐太宗李世民曾经有过一段评论说：“语言者，君子之枢机，‘谈’何容易！”

确实，语言不仅是交际的工具，更是一门学问，一门艺术。有的人缺少“嘴”上的功夫，说话乏“术”，因此，言谈表达往往“话不投机”，以致很难把事情办好，有时甚至还会将好事办砸；而有的人则能得体地运用语言，准确地传递信息、表情达意，有的人甚至能点“语”成金，使所言收到奇佳的表达效果。

解缙陪伴明太祖朱元璋在金水河钓鱼，不料一上午一无所获，朱元璋深感失望，即命解缙“以诗记之”。这可是个风险极大的事。没钓到鱼乃是件地地道道的憾事，如果直录其事激怒皇上，岂不是脑袋不保？但既然皇上有令，如果不录，岂不是有意抗旨？不过这难不倒解缙，只见他稍加思索，便念出了一首漂亮的小诗：“数尺纶丝入水中，金钩抛去永无踪，凡鱼不敢朝天子，万岁君王只钓龙。”明太祖听了开怀大笑。请注意这首小诗，前两句的确是“尊旨而行”的实写，后两句则是巧妙的劝慰——钓不到鱼，那是因为皇上至尊至贵，“凡鱼”不敢上钩。于是就这么一“劝”，皇上乐开了花。

试想，如果解缙没有出色的想象力，不善于用语言将其准确迅速地表达出来，是不可能取得既直陈其事又劝慰皇上并且保全自己性命这样“一箭三雕”的效果的。

大哲学家老子曾经说过:“美言可以市尊。”意思是：如果一个人善于驾驭语言，便可以用之去交换自己所需要的东西。不擅“说”道的人，可能就注定了要一辈子平庸，深谙说话之“术”的人，却常常能在最不可能处扭转乾坤。

元代的关汉卿因为编演《窦娥冤》，得罪了统治者，官府要捉拿他治罪。关汉卿得知消息后，连夜逃走。途中，遇到几名捕快。

班头问:“你是干什么的？”

关汉卿顺口答道:“三五步走遍天下，六七人统领千军。”班头明白了:“原来你是唱戏的。”关汉卿又吟道:“或为君子小人，或为才子佳人，登台便见；有时欢天喜地，有时惊天动地，转眼皆空。”班头见他如此伶俐，出口成章，便问道:“你是关……”关汉卿笑道:“看我非我，我看我，我亦非我；装谁像谁，谁装谁，谁就像谁。”班头本来爱看戏，特别爱看关汉卿编演的戏。知道眼前这人便是关汉卿。捉他吧，于心不忍，不捉吧，500两赏银便没了。关汉卿看透了他的心理，便顺口吟道:“台头莫逞强，纵得到厚禄高官，得意无非俄顷事；眼下何足算，到头来抛盔卸甲，下场还是普通人。”可能是这首诗打动了班头，他便对另几名捕快说:“放他去吧，这是个疯子。”

关汉卿就这样脱了险。

可见，学会运用语言的威力，掌握说话的艺术，不仅是人际交往增进感情的催化剂，更是我们摆脱困境达到事业成功的保证。

有位西方哲人说过:“世间有一种成就可以使人很快完成伟业，并获得世人的认识，那就是讲话令人喜悦的能力”。让我们记住他的话吧！

回避不愉快的话题

亲朋好友会聚一堂，你言我语，有问有答，好不热闹。但是并不是什么问题都可以拿来问朋友，否则会引起朋友不愉快，影响聚会的和谐。

具体说来，在聚会时问问题应注意以下几项：

1. 避免问别人为什么做某事

一般人通常也不知道自己为什么会这么做，即使知道，也不见得会承认。因此，类似的问题会使他们感到不安而且有排斥的意念，如：

“你为什么这么做？”

“你为什么和这种人做生意？”

“你为什么会说这些事情呢？……你为什么每天早餐都吃一样的东西呢？”

“你为什么骑那辆车呢？”

2. 避免圈套式的问题

有些问题，好像是给别人下的套，如：

“如果我告诉你一些赚钱的方法，你有兴趣吗？”

“你希望减减肥，对不对？”

“你对你的家人有一份责任感和关心吧？”

“你对那些不懂得体贴人的人有什么看法？”

3. 不要问迫使别人同意的问题

有些问题有理所当然及迫使人默许的意思。如：

“你难道不认为我所说的是正确的吗？”

“你难道不同意，如果买了我的那辆自行车，对你很有用吗？”

“你难道不知道，注意安全是为你自己好？”

如果你的问题能够改成：“你觉得怎么样？你同意不同意？”就对了，这样的问题让别人有表达不同意见的机会。

4. 避免个人隐私或攻击性的问题

有些问题是个人隐私或具有攻击性，如：

“你多重？”

“你多大？”

“挣多少钱？”

“你为什么不结婚？”

“你们两个吵得很厉害吗？”

“你的丈夫有外遇吗？”

5. 避免空泛式的问题

有些问题过于空泛，如：

“你最喜欢这本字典中的哪一部分？”

“你觉得现在的世界局势怎么样？”

“你读过很多书，都是关于哪一方面的？”

“你最相信哪些哲理？”

如果你希望和别人的谈话能够继续下去，就必须提出明确一点的话题。不妨以一些“闲聊”的问题，来打开话匣子。

无论如何，你的问题必须平实不尖锐，让别人觉得很舒服，没有压力，使你和别人的关系自然地建立起来。你应小心选择没有攻击性的问题。

你不妨从一些容易回答的问题开始着手。最好不要问是或不是的问题。要问一些让别人能够继续说话的问题。下面的问题，既简单又能打开别人的话匣。

“你喜欢蓝色吗？”

“你的公司有多少职工？”

“你的早餐都吃些什么？”

“你的孩子几岁了？”

“你在这个工厂工作多久了？”

“你喜欢看电视吗？”

这些问题可以使话题一直继续下去，因为这些问题都非常明确又有趣，而且也是你和陌生人谈话时，彼此认识的必然问题的一部分。这个陌生人可能是你将来结婚的对象，也可能是你的同事。

你所提出的问题，最好是别人都很喜欢回答的。因为每个人都喜欢表达意见，而不喜欢让别人知道隐私；都不介意告诉别人他们在做什么，而不喜欢透露做这件事的原因。

如果你觉得有些问题必须知道，最好先解释提这些问题的原因，这样可以减少别人的怀疑和反抗心理。

“下星期我们开会讨论有关停车场修建的问题，你有什么意见？”

“你爸和我今天下午要去参加家长会，是关于升学报志愿的事，你和你的同学们有些什么想法吗？”

有时，你也可以问一些刺激别人思考的问题。他们即使没有回答你，也没有什么关系。

当你真正做到了以上这些，你就会成为受人欢迎的人，你们的聚会也会取得成功。

妙用“花言巧语”

在人际交往中，妙用“花言巧语”，常可收到奇效。

罗斯福是美国历史上极有声望的总统。在他尚未成为总统但事业正如日中天时，他通过使用“花言巧语”使自己同一些普通的女性保持着友好关系，并因此赢得了极大的声誉。

有一天，罗斯福到白宫去拜访总统夫妇，碰巧塔夫脱总统和他太太不在。他善于和卑微身份者沟通的特点表现出来了，因为他向所有白宫的仆人打招呼，他能叫出他们的名字来，甚至厨房的小妹也不例外。亚奇巴特写道：

当他见到厨房的欧巴桑·亚丽丝时，就问她是否还烘制玉米面包，亚丽丝回答他，她有时会为仆人烘制一些，但是楼上的人都不吃。“他们的口味太差了，”罗斯福有些不平地说，“等我见到总统的时候，我会这样告诉他。”

亚丽丝端出一块玉米面包给他，他一面走到办公室去，一面吃，在经过园丁和工人的身旁时，还跟他们打招呼……

他对待每一个人，就同他以前一样。他们仍然彼此低语讨论事，艾克福眼中含着泪说：“这是将近两年来我们唯一有过的快乐日子，我们中的任何人，都不愿意把这个日子跟一张百元大钞交换。”当然，罗斯福这么做决不只是为了做做样子，而是发自内心的真诚。即使后来做了美国总统以后. 他依然还是如此细心、平等地对待女性，表达自己的“浓情蜜意”。实际上，这正是罗斯福异常受欢迎的秘密之一。

他的那位男仆詹姆斯·亚默斯，写了一本关于他的书，取名为《罗斯福，他仆人的英雄》。在那本书中，亚默斯讲了一个富有启发性的事件：

有一次，我太太问总统关于一只鹑鸟的事。她从没有见过鹑鸟，于是他详细地描述一番。没多久，我们小屋的电话铃响了（亚默斯和他太太住在牡蛎湾罗斯福家宅的一栋小屋内），我太太拿起电话，原来是总统本人。他说，他打电话给她，是要告诉她，她窗口外面正好有一只鹑鸟，又说如果她往外看的话，可能看得到。

他时常做出像这类的小事。每次他经过我们的小屋，即使他看不到我们，我们也会听到他轻声叫出：“安妮！”或“詹姆斯！”这是他经过时一种友善的招呼。

一名堂堂的大国总统，能对他身边的平凡的人如此细心、关爱，适时地运用“花言巧语”，无怪乎他是那么受人爱戴。

没话找话说的本领

有人说：“交谈中要学会没话找话说的本领。”这在求人办事的说话过程中相当重要。没话找话说的关键是要善于找话题，或者根据某事引出话题。因为话题是初步交谈的媒介，是深入细谈的基础，是纵情畅谈的开端。没有话题，谈话是很难顺利进行下去的。那么，怎么找到话题呢？

1. 中心开花

面对众多的陌生人，要选择众人关心的事件为话题，把话题对准大家的兴奋中心。这类话题是大家想谈、爱谈、又能谈的，人人有话，自然能说个不停，以致引起许多人的议论和发言，导致“语花”飞溅。

2. 即兴引入

巧妙地借用彼时、彼地、彼人的某些材料为题，借此引发交谈。有人善于借助对方的姓名、籍贯、年龄、服饰、居室等，即兴引出话题，常能收到好的效果。“即兴引入”法的优点是灵活自然，就地取材，其关键是要思维敏捷，能作由此及彼的联想。

3. 投石问路

向河水中投块石子，探明水的深浅再前进，就能有把握地过河；与陌生人交谈，先提一些“投石”式的问题，在略有了解后再有目的地交谈，便能谈得更为自然。如“老兄在哪儿发财？”“您孩子多大了？”

4. 循趣入题

问明他人的兴趣，循趣发问，能顺利地进入话题。如对方喜爱足球，便可以此为话题，谈最近的精彩赛事，某球星在场上的表现，以及中国队与外国队的差距等，都可以作为话题。

5. 变“生”为“故”

孔子说，“道不同，不相为谋”，只有志同道合，才能谈得拢。我国有许多“一见如故”的美谈：陌生人要能谈得投机，要在“故”字上做文章，变“生”为“故”。下面是变“生”为“故”的几个方法：

看准情势，不放过应当说话的机会，适时插入交谈，适时地“自我表现”，能让对方充分了解自己。

寻找自己与陌生人之间的媒介物，以此找出共同语言，缩短双方距离。如见一位陌生人手里拿着一件什么东西，可问“这是什么？……看来你在这方面一定是个行家。正巧我有个问题想向你请教。”对别人的一切显出浓厚兴趣，通过媒介物引发表露自我，交谈也会顺利进行。

留些空缺让对方接口，使对方感到双方的心是相通的，交谈是和谐的，进而缩短距离。

应对冷言冷语的技巧

“这个工作是你一个人完成的？不会吧，想不到你居然可以独立完成这个工作。”

“你真是笨得可以，告诉你这份文件要这样做的。你脑子里装的是什么？”

在职场上，不可避免地会听到各种伤人的冷言冷语。这种尖酸刻薄的话，常令人感到难堪和不悦。说这类话的人的心态，或嫉妒或蔑视，但目的都是要让你难以忍受，刺伤你的自尊，打击你。如果你听到这样的冷言冷语就气上心头，并且激烈地反唇相讥，就正中了对方的下怀，他正好对你更加中伤诽谤，双方免不了一番唇枪舌剑，弄得两败俱伤。

其实，听到冷言冷语就火冒三丈，失去理智是极不明智的。这样不仅会让自己动了肝火，遂了对方的意。还不能解决问题，反而伤了彼此的和气。

要化解冷言冷语带来的伤害，有很多很好的方法，你大可不必唇枪舌剑，干戈相向。因为对你冷言冷语的人通常是有某种目的。你不妨先分析他话中的用意，找出言外之意，再针对重点做出反击。你可以故作不解地问对方：“你这样说是什么意思，我不大理解。”或装傻说：“你这个玩笑真有意思。”总之，你要忍耐，不要当面翻脸。

如果有位同事总是对你冷嘲热讽的，你最好和他保持距离，不要惹他。偶尔听到一两句闲言闲语，你就装作没听见，千万不要动怒，否则，你就会自讨没趣，惹火烧身。

突破他人心理防线的巧招

说服别人最大的一个障碍就是攻克对方的心理防线，消除对方由于对你的诚意表示怀疑而产生的戒备。否则，这道防线将像一堵墙，使你的话说不到他的心里去，甚至产生反感。

那么，怎样说话才能突破对方的心理防线呢？不妨用用下面的方法。

1. 利用同步心理话语

什么是同步心理呢？同步心理就是，凡事想跟他人同步调、同节奏，也就是“追随潮流主义”，是那种想过他人向往的生活、不愿落于潮流之后的心理。正是由于这种心理的存在，那种不顾自身财力、精力，甚至是否真心愿意而豁出去做的念头，就很容易乘虚而入，支配人们的行为，促使人们盲目做出与他人相同的举动。

通常人们在受到这类刺激后就很容易变得没主见，掉入盲目附和的陷阱中。所以推销员或店员经常会搬出“大家都在用”或“有名的人也都用”等推销话语，促使人们毫不犹豫地接受。

2. 利用逆反心理话语

当别人告诉你“不准看”时，你就偏偏要看，这就是一种“逆反心理”。这种欲望被禁止的程度愈强烈，它所产生的抗拒心理也就愈大。所以如果能善于利用这种心理倾向，就可以将顽固的反对者软化，使其固执的态度做一百八十度的大转变。

3. 利用对方的危机感话语

在一定的条件下，每个人都会产生某种危机感，这种意识使他心生恐惧，并由此激发出强烈的要求上进的愿望。如果你能把握住他的这种危机感，就能有针对性地采用相应的对策。

在与人交流中如果你能洞悉他的内心，巧妙地刺激对方的隐衷，使他内心的想法完全暴露出来，就能找到他的危机感。这个危机感就是你说服他的一把利器。

4. 树立共同敌人话语

在说服别人时，要懂得将小的共同点扩大，树立“共同的敌人”，使对方有同仇敌忾的感觉。《孙子兵法》中有“吴越同舟”这么一句话，原意是讲吴国和越国本是敌对的双方，但因同时面对魏国的威胁，在不得已的情况下，两国只好尽释前嫌，以对付共同的敌人。“吴越同舟”的故事就是由此产生的。

一旦出现了强大的共同敌人时，即使是敌对的两方，也会摇身一变，而成为合作的对象。

只要善于突破对方的心理防线，就可以争取对方的理解和支持，为自己赢得助力。

怎样安慰遇到不幸的朋友

人生的道路不平坦，逆境常多于顺境。不幸的事，人人难免。身处逆境，面对不幸，当事者不仅本人需要坚强起来，也迫切需要别人的安慰。人是社会的、合群的和有感情的高等动物。痛苦再加孤寂，痛苦倍增；痛苦有人分担，痛苦减半。“患难见真情”。安慰如“雪中送炭”，能给不幸者以温暖、光明和力量。给予不幸者以安慰，是为人处世的一种美德；当朋友遭到不幸时，及时送上真诚的安慰，更是你应尽的责任。

在探望身患重病的朋友时，你不必过多谈论病情。有关的医疗知识，医生已有所交代和说明，无须你再多言。如果对方本来就背着重病的精神包袱，你再谈及过多，势必包袱加重。你应该多谈谈病人关心、感兴趣的事，以转移对方的注意力，减轻精神负担。如能尽量多谈点与对方有关的喜事、好消息，使他精神愉快，更有利于早日康复。医生送去治疗身体的良药，挚友送去温暖人心的情感都是根治重病必不可少的。

对于因生理缺陷或因出身、门第被人歧视的朋友，由于不幸的原因有些是先天的，并非全是人为的。你劝慰他时应多讲些有类似情况的名人的成功事迹，鼓励他不要向命运屈服，争取人生的幸福，实现人生的价值。

在安慰丧失亲人的朋友时，你不要急于劝阻对方的恸哭。强烈的悲痛如巨石积压在心头，愈久愈重，不吐不快，让其宣泄、释放出来，反而如释重负，有利于较快恢复心理平衡和平静的状态。你应当注意倾听对方的回忆、哭诉，并多谈谈死者生前的优点、贡献，人们对他的敬仰、怀念。死者的生命价值越高，其亲属就愈感宽慰。

对于胸怀大志而又在事业上屡遭挫折、失败的朋友，最需要的是你对其强烈的事业心的充分理解、支持。对于他们，理解应多于抚慰，鼓励应多于同情，怜悯是变相的侮辱，敬慕是志同道合的表现。你不必劝慰对方忘掉忧愁、痛苦，更休想说服对方随波逐流，放弃他的理想、追求。最好的安慰，是帮助对方总结经验教训，分析面临的诸多有利和不利的条件，克服灰心丧气的情绪，树立必胜的信念，并共同探讨到达事业顶峰的光明之路。这就要求你对他所从事的事业有一定的了解。

中华民族是勤劳、勇敢又善良、重情义的民族。在我们民族的语言中就有如“比上不足，比下有余”“谋事在人，成事在天”“塞翁失马，焉知非福”“大难不死，必有后福”“失败是成功之母”等一大批专用于安慰、鼓励不幸者的谚语、格言和典故，在民间流传千百年，至今仍然经常被用来安慰不幸者。只要你多加积累，满怀真诚，当朋友身遭不幸时适当表达，将关切送给你的朋友，你的朋友一定感触良多，你们的友情将更加清纯。

机敏应答别人的攻击

在美国第35任总统候选人的提名过程中，肯尼迪的年轻和孩子般的外表成了一个不折不扣的不利条件。众议院发言人萨姆·雷伯恩就攻击肯尼迪是乳臭未干的几个民主党领导人之一。肯尼迪哈哈一笑，把问题抛到一边："萨姆·雷伯恩可能认为我年轻。不过对一位已是78岁的人来说，他眼中的大部分人都年轻。"可是这个问题始终纠缠着肯尼迪。哈里·杜鲁门在一次全国性演讲中向肯尼迪挑战。"我们需要的是一个极其成熟的人。"这位前总统说。肯尼迪用逻辑和机智回敬了他的挑战。他说，如果年龄一直被认为是一个标准的话，那么美国将放弃对44岁以下所有人的信任。这种排斥可能阻止杰佛逊起草《独立宣言》、华盛顿指挥独立战争中的美国军队、麦迪逊成为起草宪法的先驱、哥伦布去发现新大陆。

肯尼迪在遭到突如其来的诘难时以非常机敏的方式巧妙地回答对方并予以有力的反击。机敏是机智、敏捷，体现的是人们对矛盾的感受能力以及由此产生的变通能力。这就要求我们必须善于发现问题，判定相应的对策，而且还要随着事情变化不断调整应变策略。

机敏者一般都是成熟稳重的，特别是身处窘境时，沉着稳重更有助于提供化解尴尬的妙法。巩俐小姐有次在香港接受访问，有个记者问道："您觉得自己漂亮吗？"这时候回答"是"或者"不是"似乎都不够妥当，巩俐想了一下说："我觉得我的牙齿是漂亮的，虽然不整齐却与众不同。"这样的回答博得了全场的掌声。

在面对别人的攻击时，有的时候我们还可以采用"以彼之道，还施彼身"的方法。

1982年秋天，在美国洛杉矶召开的中美作家会议上，美国诗人艾伦·金斯伯格请中国作家蒋子龙解个“怪”谜:“把一只5斤重的鸡放进一个只能装1斤水的瓶子里，您用什么办法把它拿出来？”“您怎么放进去，我就怎么拿出来。”蒋子龙微笑道。那是一个谁也无法解开的“谜”，然而，我们的作家“以其人之道，还治其人之身”，收到了很好的效果。

一次，英国一家电视台采访中国当代青年作家梁晓声，现场拍摄电视采访节目。这位英国记者忽然让摄像机停下来，然后对梁晓声说:“下一个问题，希望您能毫不迟疑地用‘是’或‘否’来回答，好吗？”梁晓声不知有诈，欣然答应。谁知那位英国记者一扬手，遮镜板“啪”地一声响，记者把话筒放到自己嘴边，说道:“没有文化大革命，就不会产生你们这一代青年作家，那么文化大革命在您看来究竟是好是坏？”说完把话筒立即伸到梁晓声嘴边，摄像机对准了梁晓声的脸。在这进退维谷之际，梁晓声却不动声色地说:“在我回答您这个问题之前，我也问您一个问题：没有第二次世界大战，也就没有以反映第二次世界大战而著名的作家，那么您认为第二次世界大战是好是坏？”在这里，梁晓声也是巧妙地应用了“反弹”的应答技巧。

当你面对尴尬，一般是对方故意为难你的时候，很好的办法就是“以彼之道，还施彼身”，找到对方的思考逻辑，用同样的方式请对方予以解释，从而化解难题。

赞美他人的五种基本方法

赞美他人也需讲究方法，若在赞美别人时。不掌握一定的技巧。不审时度势，即使是真诚的赞美，也不会达到预想的结局。

赞美的方法很多，现在就常用的几种方法分述一下：

1. 直言夸奖法

夸奖是赞美的同义词。直言表白自己对他人的羡慕，这是平常用得最多的方法。老朋友见面说："啊！你今天精神真好啊！"年轻的妻子边帮丈夫结领带边说："你今天看上去气色好多了。"一句平常的体贴话，一句出自内心的由衷赞美，会让人一天精神愉悦，信心倍增。

2. 反向赞美法

指责与挑剔，每个人都难以接受。把指责变成赞美，看来是难以想象的，能真正做到更是不易。但世界著名企业家洛克菲勒做到了。

洛克菲勒是很具吸引力的企业家，使许多有才能的人团结在他周围。一次，公司职员艾德华·贝佛处置工作失当，在南非做错一宗买卖，损失了100万美元。洛克菲勒知道后没有指责贝佛，何况事情已经发生了，指责又有何用？他于是找了些可以称赞的事，恭贺贝佛幸而保全了他所投金额的60%。贝佛感动万分，从此更努力地为公司效力。

3. 意外赞美法

出乎意料的赞美，会令人惊喜。因为赞美的内容出乎对方意料，会大大引起对方的好感。卡耐基在《人性的弱点》中写了一个他曾经历过的故事：

一天．他去邮局寄挂号信，办事员服务质量很差，很不耐烦。当卡耐基把信件递给他称重时，说："真希望我也有你这样美丽的头发。"闻听此言，办事员惊讶地看了看卡耐基，接着脸上露出微笑，服务变得热情多了。

4. 肯定赞美法

人人都有渴望赞美的心理需求，在一些特定的场合更是如此，例如，在报上发表了文章，成功地完成了论文，苦心钻研多年的项目通过了鉴定等，都希望得到别人的肯定。这时，不失时机给予真诚的赞美会使被赞美者高兴万分。

大家都知道张海迪的故事，她曾应日本友人之邀，赴日本参加特意为她举行的演讲音乐会。在台上，她第一次用自学的日语做了自我介绍，并唱了几首她自己创作的歌。在她讲完之后，她是多么希望能得到别人的赞许、鼓励和褒扬啊！这时，日本著名作家和翻译家、主人之一秋山先生上台来紧紧抱住她，说："讲得太好了，我们全都听懂了！"这简短的赞扬深深地打动了她，使她在最需要了解自己价值的时候，对自己有了一个清楚的认识，增强了自信心。

5. 目标赞美法

在赞美别人时，为他树立一个目标，往往能让他坚定信念，为这一目标而奋斗。

足球教练文斯·伦巴迪是一位富有传奇色彩的人物。在训练队伍时，他发现一个叫杰里·克雷默的小伙子思维敏捷，球路较多。他非常看好这个小伙子。一天，他轻轻地拍一拍杰里·克雷默的肩膀说："有一天，你会成为国家足球队的最佳后卫。"克雷默后来真的成了国家足球队主力队员。他后来回忆说："伦巴迪鼓励我的那句话对我的一生产生了巨大影响。"

第七章

在现实中处世，在人情中做人

交朋友的学问

孔子说:“主忠信,毋友不如己者,过则勿惮改。”

孔子提倡“毋友不如己者”,也就是不跟不如自己的人交朋友。这难道是说,应该设法抱权势人物的大腿、扯名流富豪的衣袖,而不把无权、无钱、无名的“三无人员”放在心上?如果这样理解孔子的话,就大错特错,错成势利小人了。孔子所谓“不如己”,是指品德、修养不如己,而不是名利、权位、学问不如己。

在孔子看来,交友不仅是一种人际活动,也是一种自修方法。他说:“与君子游,如入芝兰之室,久而不闻其香,则与之化矣;与小人游,如入鲍鱼之肆,久而不闻其臭,亦与之化矣。”这说明,他交友的选择对象侧重于品行方面。老是跟品德、修养胜于自己的人交往,就越来越接近君子了;老是跟品德、修养不如自己的人交往,就越来越接近小人了。当然,要向君子靠拢,还有一个要点:过则勿惮改。把别人的好处学到手,把自己的毛病改掉,这是最好的自修。

至于名利、权位、学问等方面,跟品德、修养并无必然联系,并不是孔子考虑的问题。他所交的朋友,并非个个地位崇高,贫贱者也不在少数。只要品德好、修养好,就值得一交。如果品行不端、人格有缺陷,别的方面再优秀,也不值得一交。

不过,交朋友是一个双向选择的过程,我想跟胜于自己的人交往，别人也可能有同样的想法。我想结交的人不想跟我结交，想跟我结交的人我不想结交，这不是矛盾吗？如何解决这个矛盾呢？要用诚心正道来解决，其要点有四：

1. 以道交友，追求共同的人生目标。双方追求的目标相同，就可结伴而行，相互扶助。如果目标不同，自然只能各走各的路。三国时管宁和华歆绝交的故事，是大家都熟悉的。两人年轻时在一所私塾里求学，交情很好，经常在一起劳动、学习，形影不离。有一次，两人坐在同一张席子上读书，这时有一位大官乘车经过，管宁依旧读书，好像没事一般，而华歆却抛下了书本，跑出去看热闹，好像很羡慕的样子。管宁认为华歆贪慕富贵，跟自己志向不同，就把垫席割成两半，宣布绝交。管宁的做法虽然有点过火，但两人选择的人生道路不同，事实上也只能维持泛泛之交，很难做真心朋友的。

如果双方道义相通、目标相通，哪怕身份地位悬殊，哪怕学问多寡不同，也能成为很好的朋友。“伯牙摔琴酬知己”的故事，也是流传久远的。作为一个知名音乐家，却去跟一个樵夫交朋友，并且引为知己，是因为爱好相同、趣味相投。在革命战争年代，各方面相差悬殊的人，从五湖四海而来，集结到一起，同心同德，从事一项共同的事业，是因为目标相同、道义相通。

2. 以礼交友。我们对任何人都要保持尊重、注意礼仪。对人轻率不恭，别人根本不愿走近，更谈不上成为真心朋友。

我们应该有这样的理念：每一个人都有可尊敬之处。不了解一个人而轻视他，是狂妄自负；了解一个人而轻视他，是愚昧无知。所以，对任何人都应该以礼相待。

3. 以诚交友。与朋友结交，要真诚相待。但是，我们不能强求对方的真诚，如果我们重视对方，首先要向对方表达诚意。

4. 以义交友。做人要讲义气，“有福同享，有难同当”才是真朋友。管鲍之交传颂数千年，是值得我们学习的。鲍叔牙深知管仲有谋划大计、图成霸业的雄才伟略，他们共同做生意，管仲每次都要多分得些财物。鲍叔牙知道管仲家贫，并非出于贪心。他们一起办事，管仲经常惹麻烦，鲍叔牙知道这是运气不好，从不认为他愚笨；他们参加战斗，管仲多次逃跑回家，鲍叔牙知道他有高堂老母需要奉养，从不认为他怯懦。他们一起当官，管仲多次被炒鱿鱼，鲍叔牙知道这是因为没有遇到明君，并不认为管仲无能。后来，鲍叔牙将管仲推举给齐桓公，管仲才得以施展雄才伟略，助齐桓公图成霸业。难怪管仲感慨地说：“生我者，父母也；知我者，鲍子也！”

交朋友时，如果见别人发达了就去趋奉，失意了就弃而远之，这不过是小人之交，是很难交到真朋友的。

5. 以信交友。朋友信服你，才愿意跟你保持友谊。这就要求你对朋友守信用。

老子说：“大信不信。”意思是说，别人不相信你，是因为你不守信用。在生活中，有些人不知道信之重要，经常用虚言假意敷衍别人，久之必然失去别人的信任。这样怎么能交到真心朋友呢？

6. 以智交友。这不是说要用狡猾的手段骗取信任，而是要聪明地了解别人的个性，适应别人的个性。这样就能避免矛盾，保持友好的关系。

孔子就是一个特别懂得尊重他人个性的人。有一次，他想出门，却没有伞盖。一位学生说：“子夏有伞盖，可以向他借。”

孔子说：“子夏的为人，在钱财方面很小气。我听说与人交往，要发挥他的长处，避开他的短处，这样关系才能够长久。”

是啊，我们与人相交，最好顺而不逆，人家比较小气，何必要求他慷慨呢？人家性子比较急，何必顶撞他呢？人家沉默寡言，何必逼他开口呢？一个懂得顺应他人个性的人，他在人群中必然如鱼得水，关系顺畅。

交际中十条重要规则

在人际交往中要想成功，要想成就大事，必须遵循以下原则，这是专家学者们的精辟见解。

第一，切忌背后议论人。在与人接触交往中，要竭力避免背后议论人。不负责任的议论，不仅达不到交往的目的，而且会伤害感情。特别是在大庭广众之下，尽可能不揭别人的短处。

第二，说话要有分寸，有条理。与朋友、同事相处，有人总是抢话头，且说起话来没完没了，令人讨厌，时间长了就会被大家疏远。

第三，不显露有恩于别人。同事、朋友之间总会有互相帮助的时候，可能你帮别人多一些，但是，切不可表现出有恩于人，以免使对方难堪。

第四，不忘别人的恩德。别人对自己的恩德要时刻记在心上。无论谁的帮助，不论得益大小，都应适度地向人家表示感谢，这样既增进了感情，又发扬了“受恩不忘”的美德。

第五，做不到的就不要说。因对朋友说谎失去信任，这是极大的损失。所以，新老朋友相交，都要诚实可靠，避免说大话。要说到做到，不放空炮，做不到的宁可不说。

第六，不揭穿别人的秘密。不说穿别人的秘密是与人交往时的一条重要法则。每个人都有一些稳私，知道的不要说，不该你知道的不要问，因为这是于你与人都无益的事。

第七，要谦虚待人。在同事、朋友面前，不要把自己的长处挂在嘴边，老在人前炫耀自己的成绩，无疑是在抬高自己又贬低了别人，结果被人看不起。

第八，不要憨言直语。要广纳各方面的意见，不要只凭自己的一时冲动，说出冒犯对方的话，只有言词委婉得体，才能融洽感情，办成事情。

第九，要有助人为乐的道德感。

良好的道德观，是塑造成大事者形象和取得交际成功的重要环节。这要求成大事者有正义感，善于区别真善美。假丑恶，当别人有困难的时候，应该毫不犹豫地伸出援助之手，去关心、支持和帮助别人。既是互相交往，就应当相互尊重，相互帮助，这样才会受到别人的尊重。

第十，要有宽容的待人态度。同人打交道，交朋友，就需要设身处地为别人着想，要与人为善，宽容大度。要热情有度，真心待人，以此来赢得大家的信任、尊重和友爱，从而获得更多的朋友，历来的成大事者无不如此。

跟不喜欢的人巧妙相处

我们都愿意和自己喜欢的人交往，而不愿意和自己不喜欢的人来往。但现实生活却不可能满足我们这一愿望。我们的邻居有可能正是我们不喜欢的：我们愿意安静，邻居则可能成天把音响开得震耳欲聋；我们喜欢清洁，邻居则总是把破破烂烂的东西堆满了过道；我们不愿被人打扰，但邻居却经常喜欢到我们家里来借根葱要头蒜的。在单位，也有我们不喜欢的同事，我们虽然尽量回避他们，但由于工作关系，我们不得不与他们打交道。我们为此而烦恼。

其实，这种烦恼是不必要的。人的一个主要特性就是社会性。马克思说过，人的本质是社会关系的总和。我们不可能离群索居。笛福笔下的鲁滨逊漂流到荒岛上，还会有一个“星期五”陪着，最后他还是回到了人群中。可见，人是不能脱离人群、脱离社会的。而如老话所讲：“人上一百，形形色色”。生活中什么人都有。除了亲人、知己和朋友，我们还要学会和各种人打交道，包括我们不喜欢的人。

明人陈继儒说：居家不一定非要没有坏邻居的地方不可，聚会也不一定要避开不好的朋友。关键是自持，能够从“恶邻”和“损友”中汲取有益的东西。

陈继儒谈到了为人处世的一个重要原则，就是“自持”——自我控制欲望和情绪。能自持，就不怕“近朱者赤，近墨者黑”，即使生活在污浊的环境里，也能保持自己清白的人品。如果有一个恶邻或品德不好的朋友与同事，正可以锻炼自己的修养和定力。再说，“恶邻”和“损友”毕竟不是敌人，我们可以设法感化他们，他们身上也许有一些东西还值得我们借鉴呢。

从另一方面讲，人都有自己的生活习惯、做人方法，只要不是违法乱纪，我们也要尊重别人的选择，宽容别人。拿做邻居来说，当楼上在装修时，我们会为传来的刺耳的噪音而心烦意乱，对楼上人家非常有意见。但也有可能我们自己也要装修，噪音一样会打扰别人。这时我们就会体会到邻居之间相互担待、相互谅解的必要性。有些朋友（其实是熟人、老乡、老同学或同事）是有一些或许多我们看不上的毛病，但我们自己就没有毛病让对方也看不上吗？我们可以不喜欢“朋友”的毛病，包括品德上的缺点，但我们不应该排斥他这个人。

那么，该如何和自己不喜欢的人打交道呢？

一是“忍让”，宁可自己受些委屈或吃点亏，也不要为小事而与对方争个脸红脖子粗，甚至头破血流。清代时，当朝宰相张英与一位姓叶的侍郎都是安徽桐城人，两家毗邻而居。两家都要起房造屋，为争地皮，发生了争执。张老夫人便修书北京，要张英出面干预。这位宰相立即作诗劝导：“千里修书只为墙，让他三尺又何妨？万里长城今犹在，不见当年秦始皇。”张家见书明理，立即把院墙主动退后三尺，叶家深感惭愧，也把院墙让后三尺。这样，让一让，出来一个六尺巷。

二是主动接近对方。你可以先伸出友好之手，你可以主动和对方打招呼。对方原来可能怀有的对你的戒备心或敌意就可能化解。你很客气地提出的一些问题，他们就可能会加以注意和改进。

三是把你想象成对方。站在对方的角度考虑问题，你就可能体会他们的想法，从而修正自己的一些不正确的做法。这有助于双方关系的改善。

四是接受他人的独特个性。人人都有特点，不要试图改变这个事实。接受他的本来面目，他也会尊重你的本来面目。不要强迫别人接受你的观念。

五是去想对方做对了的事。对方也不是总是那么招你烦的，他们也有好的一面，试着去发现这一点。

六是以自己的言行去感化对方，影响对方。

与领导保持良好关系

领导是一个单位企业的实权人物，是办公室里的核心人物。如果你是办公室里普通一员，你就必须学会如何处理跟领导之间的关系。跟领导的关系处理不好，将可能影响到你的工作、薪资待遇，甚至前途等；处理好了与领导之间的关系，你办任何事情就容易得多了。因为领导之所以成为领导，他有你所不及的地方，有你所没有的权力，有其特别之处，这些就是你办事的最好资源。

那么，怎样才能与上司保持良好的关系呢？任何一个领导都力争使自己主管的单位、部门做出卓越的成绩，拿出一些光彩的东西来，这样，他就自然而然地需要几个乃至一批兢兢业业、埋头苦干的下属为他创出业绩。所以，要想成为领导的得力助手，那就需要我们首先做好本职工作，有较强的敬业精神。这是我们在需要领导帮忙办事的时候，说得上话的根本所在。只有这样，才有可能得到领导的帮助，实现自己的目标。

1. 对工作要有耐心、恒心和毅力

时常听到一些老同志告诫说“年轻人要能吃苦，沉住气”，的确有一定道理。经常为眼前利益所动的人能安心工作吗？有些人凭热情工作，情绪来了就好好干一阵，但坚持不久，三分钟热度，没兴趣时应付应付了事，或者是三天打鱼两天晒网。在领导眼中，这样的下属是靠不住的。偶尔表现一把，“过把瘾就死”的下属是成不了大事的。

2. 苦干要加巧干

勤勤恳恳、埋头苦干的敬业精神很值得提倡，但必须注意效率，注意工作方法。有很多人不能不说他工作认真、兢兢业业，但忙忙碌碌一辈子就是没干出多少成绩，不仅没得到领导的提拔，反而在领导和同事中留下了“笨”的印象，实在是太可惜。苦干是领导喜欢看到的，但领导更喜欢巧干高效率的下属。不妨设想一下，领导有同一项任务，交给甲需要一个月才能完成，交给乙可能仅需两周时间就完成，那么领导在用人时首先考虑的就可能是乙而不是甲。所以说苦干还要加上巧干，必须善于动脑子想办法，提高工作效率。

3. 敬业也要能干会“道”

“道”就是经过自己表白让领导知道或感受到你所付出的努力。工作中只干不会“道”的人实在是太多了。领导所能目睹的你的工作最多限于“八小时以内”，在下属与领导分开办公的地方，领导对下属的工作了解就更少了。有些人只顾埋头工作，工作完成后一交了事，与领导交流很少，缺乏沟通。有很多情况你不说出来，没有人会知道，而且领导一般都很繁忙，有这样那样的事包围着他。你加了几个班、费了多大劲、流了多少汗水、耽搁了自己多少事等等，如果自己不主动说，领导一般都不会知道。而同事是很少会在领导面前提你的情况，你所付出的汗水也就默默无闻的白白流掉了。这与老牛耕地情况不一样，老牛的一举一动，每一个步伐都能直接展现在扶犁者的眼前，哪头牛偷懒马上就会挨鞭子，哪头牛努力，扶犁者也很清楚。聪明的下属要既会做又会说，这样你的能力和付出才会被你的领导所知晓，他才会给你机会，让你展示实力。

4. 把握时机托领导

请领导托办私事时，应看准时机和把握火候，最好应先向他的秘书打听一下，他的心情好不好，如果他的心情不佳，就不要找他；工作繁忙时，不要找他；如果吃饭时间已到，也不要找他；休假前和度假刚返回时，也不要找他。因为在这些时间，你同他谈与工作不相干的问题，他多半会拒绝。凡他拒绝的事你若再提起，只会增加不愉快，还会给上司留下一个难缠的印象。托上司办私事时，选好时机是很重要的。

县针织厂的老许，两口子都是普通工人，也没有什么体面的亲戚，平时倒也不觉得有什么低人一等的感受。可这段时间，两口子都为儿子的升学问题愁眉苦脸。有人给他出点子，要他找厂长。不爱求人的老许只好硬着头皮去找厂长。厂长刚处理完公事，同几个下属在聊天，老许算是逮住了好时机。

“厂长，我实在是没有办法，只好来求您了。厂里许多人都给我出点子说只有您能帮我解脱困境。”老许首先把厂里工人抬出来，给厂长戴高帽。厂长果然很受用，和颜悦色地问道：“说吧，什么事？”“我儿子初中毕业想进三中，可是没有关系，分数够了也难进，进不了三中，今后考大学就成问题了。厂长您面子大，认识的体面人物多，厂长一出马比我去四处磕头还管用。”

“就这事？这件小事好办。”厂长大包大揽地说。

“厂长，真是谢谢您了。您真是个痛快人，我们一家人永远都记着你的恩。”

“嗯，这点小事谢什么吗，要真谢，就让你儿子好好读书，将来考上北大清华，哈哈哈……”

“考上北大、清华，一定找你这个大恩人喝酒。”

不用说，老许的儿子顺利地进了三中。

5. 维护领导的权威

人都爱面子，这是人的天性使然。领导者则尤爱面子，很在乎下属对自己的态度，自己在下属面前是不是很有面子，很有权威。往往以此作为考验下属对自己尊重不尊重、会不会办事的一个重要“指标”。

从历史上看，因为不识时务、不看领导的脸色行事而触了霉头的人并不在少数，也有一些忠心耿耿的人因不会变通、不会迎合冲撞了领导而倍受冷落。现实中一些人有意无意地伤领导面子、损害领导的权威，这样做就刺伤了领导的自尊心，因而经常遭到穿小鞋、受冷落的报复。即使很英明、宽容、随和的领导也很希望下属维护他的面子和权威，而对刺激他的人感到不顺眼。

唐太宗李世民是以善于“纳谏”著称的贤君，但也常常对魏征当面指责他的过错感到生气。一次，唐太宗宴请群臣时酒后吐真言，对长孙无忌说：“魏征以前在李建成手下共事，尽心尽力，当时确实可恶。我不计前嫌地提拔任用他，直到今日，可以说无愧于古人。但是，魏征劝谏我，不赞成我的意见时，我说话他就默然不应。他这样做未免太没礼貌了吧？”长孙无忌劝道：“臣子认为事不可行，才进行劝谏；如果只是随口附合，恐怕给陛下造成其事可行的印象。”太宗不以为然地说：“他可以当时随声附和一下，然后再找机会陈说劝谏，这样做，君臣双方不就都有面子了吗？”唐太宗的这番话流露出他对尊严、面子和虚荣的关注，反映了领导的共同心理。

面子和权威之所以如此重要，根本原因在于他们与领导的能力、水平、权威性密切挂钩。一位牌技不高的科长在同下属打扑克时，常因输得一败涂地而对玩牌的人破口大骂，很明显地暴露出对下属“手下不留情”的不满，渐渐地，下属们不再同他一起打扑克，怕刺伤科长的自尊心。像这位科长一样小心眼的领导比比皆是，可谓防不胜防。平时娱乐时，一些人不喜欢和领导在一起，这方面的因素无疑是个障碍。得罪领导与得罪同事不一样，轻者会被领导批评或者大骂一番；遇上素质不高、心胸狭窄的人可能会打击报复，暗地里给你穿小鞋，甚至会一辈子钳制一个人的发展。杨雄在《法言·修身》中谈到“四轻”的危害时讲“言轻则招忧，行轻则招辜”，从与领导相处的角度讲，不慎言笃行，一旦冲撞了领导，就会影响你的进步和发展。

6. 服从第一

“恭敬不如从命”，这一中国古老的至理名言。对领导，服从是第一位的。下级服从领导，是上下级开展工作，保持正常工作关系的前提，是融洽相处的一种默契，也是领导观察和评价自己下属的一个尺度。当然，服从也有善于服从，善于表现的问题。细心的人都可能会发现这样一个事实：在单位里，同样都是服从领导、尊重领导，但每个人在领导心目中的位置却大不相同，为什么会这样呢？这一问题的关键是能否掌握服从的艺术。有的人肯动脑子，会表现，主动出击，经常能让领导满意地感受到他的命令已经圆满地执行，并且收获很大。相反，有的人却仅仅把领导的安排当成应付公事，被动应付，不重视信息反馈，甚至“斩而不多奏”，结果往往事倍功半。

善于服从、善于表现要掌握火候，机会来临时，一定要紧紧把握。当领导交给的任务确实有难度，其他同事缩手缩脚时，你要有勇气出来承担，显示你的胆略、勇气及能力。敬业与服从，应该大力提倡。善于敬业、服从，巧于敬业、服从更为重要，因为，在丰收的田野上，农夫有理由让人们记住他挥洒的汗水和不辍的辛劳。

这不是虚荣，是实实在在的人生需要，也是你迈向成功的平台。

勇于向领导提要求

与上司交流是一门学问，要摆正心态，更要学会技巧。

首先要明确：不管受到了怎样不公正的待遇，你的上司如何不讲理，一定要勇于提出要求！如果隐忍不发，没有人知道你心中所想，任何利益都是自己争取来的，不是你给我什么我就必须接受什么。

谈的时候，最重要的是自信！当然，这一点基于你提出的要求必须是合理的。

一定要认清这一点：你的上司也是普通人，他的任务更重，也要面对来自他的上司、其他部门等方方面面的压力。对绝大多数上司而言，他最大的愿望是更好更快地完成任务，而不是从一上任就想刁难谁。

如果你觉得他对你不够公正，首先要冷静几分钟，想一想“他为什么这样做？”如果你过于情绪化，或者一向对上司有成见，可能会和他大吵一架，而这样只会使情况更糟。要始终坚持“对事不对人”，了解他的真实想法，顺应他的思路，冷静、客观地提出要求。

在方式上要心平气和。如果是待遇问题，要列举你付出的劳动，所得到的回报，并举出别人待遇合理的例子，请上司告诉你其中原因。如果沟通无效，可以直接去找他的上司。通常上司们都不愿接受一般员工的越层报告，“大老板”会信任他选中的中层管理者。但是，当你觉得问题得不到解决，还是要勇于改变状况，对顶头上司说“不”！切忌私下议论或传播对上司的不满。如果部门同事对上司有一致意见，可以联名致信“大老板”。私下议论于事无补，而且促成低效率，而向外传播简直就是自毁形象。

当然，在职场中也有一段时间需要忍耐。最初你与上司刚刚开始合作时，有一个相互取得信任的过程，你要努力证明自己的实力，对小的不愉快要忍耐。你不妨和上司经常做一些小沟通，汇报工作进展，请教如何改进。你可以这么问：“你能给我一些建议吗？”“我这一阵总是不能做到完美……”

实际上，你的上司在这个职位上也并不总是称心如意。他可能很难与员工有真正的沟通，也不易获得朋友似的友谊，正所谓“高处不胜寒”。有个员工以前总认为他的老板很挑剔，两人合作不愉快。一次郊游，他无意中对老板说：“你最近做的一次策划挺棒的。”老板很吃惊，顿有知音之感，随即俩人谈起了更多工作计划，关系渐缓。有时候，老板也会常感孤独，也需要赞扬。

当然，作为上司，要摆正自己的位置，官威十足的上司是最讨厌的。缔造松下王国的松下幸之助有一句名言：“管理的定义很简单，过去、现在、未来都是沟通。”据调查，70%的优秀经理人的主要工作时间用于沟通：和客户、平级部门、上司，当然，也包括和下属。

现代企业倡导这样的上下级理念：密切合作，相互支持，没有森严的等级观念。现代社会崇尚团队精神，因为没有人能靠单打独斗取得成功。

上司一定要相信：没有一个下属愿意跟你作对。员工有勇气提出意见是很不容易的，而你能听到反馈是幸运的。听到不同意见，首先考虑：这对部门和企业利益有什么影响，对实现最终目标有什么影响。

鼓励每个人说真心话，应当是企业文化中的重要组成部分。上司应设身处地从员工的角度考虑问题，“把脚放进别人的鞋子里”。如果员工抱怨待遇不好、天天加班，你就要考虑工作是不是过量？他是不是期待更高的回报？你不一定答应员工的所有要求，但一定要解释原因。作为上司，还要谨防陷入这样的误区：我必须是正确无误的；如果情况不改变就是我的无能；所有的技术我都要精通。过于追求完美，你可能会变得苛刻、固执、自以为是。

不与同事抢功劳

当你挖空心思想出一个好主意，或者你勤奋工作为公司发展做出了极大贡献时，却有人试图把这份功劳归为己有。面对这种情况，你该怎么办？总不能整天气急败坏吧？下面几种方法或许对你有所帮助：

1. 用短信澄清事实

当然，首先写的短信不能有任何坏的影响，短信内容一定不能让对方产生不快。写信的主要目的是要委婉地提醒一下对方，自己当初随便提出的想法，是怎样演变到今天这个令人欣喜的样子。在信中适当的地方，你可以写上有关的日期、标题，可以引用任何现存书面证据。在短信的最后要建议进行一次面对面的讨论，这是很重要的，这能让你有机会再次含蓄加强一下你的真正意思：这主意是你想出来的。如果真的有人把你的功劳忘记了，想把功劳归属于自己，那么这个方法倒能为你争回功劳起一定作用。

2. 夸赞挖你功劳的人，然后重申功劳是自己的

说这番话的时候，要再一次对这位同事的独一无二的才能和见解大加赞赏。这种方法对职业女性来说特别需要。很多研究者

发现，女性员工喜欢从“我们”的角度——而不是“我”的角度来做事，所以她们的想法和首创就常常会被男性同事挪用。如果着眼于事情的积极一面——你的同事也是想方设法要干出最好的工作，而且他（她）对要做的事情也有独到的看法——也许会有助于你解决这个可能很棘手的问题。当你觉得这个方法比较适合你应用时，你就应早点行动，如果等你的同事把你的想法散布开时再行动，困难就大得多了。

3. 退出争夺战

初看起来，这似乎不是一种方法，或者不能算是一种很好的方法。但对某些人来讲，这或许是最好的。你应该问一问你自己哪个更重要，是把这些想法付诸实施，还是独自拥有想出这个点子的名誉？这是一个复杂的问题，特别是对女性来说，什么候应该跟男同事理直气壮地理论“挪用他人想法”的问题，什么时候又应该做出一些牺牲呢？在做出决定时，应该考虑一下，要打这场“官司”得花费多少精力。在某些情况下，比如你正要接受一次重要的提升，要付出大量的时间和精力；或者除了“原则问题”之外其他并无妨碍，而要证明所有权只能使你疲惫不堪……也许还会让你的上级生气，让他们纳闷你为什么不能用你的时间来做点更有意义的事情。在这些情况下退出争夺战显然是明智之举，是上上之策。

让下属成为事业的助推器

在当今社会，干什么事都讲求效率，对于一个领导者来说，怎样才能提高办事效率呢？答案很简单，就是用好你的下属。

保罗·盖蒂曾经说过：“用人，首先是一种艺术。”好的和有效率的老板与员工之间的关系，往往建立在一些并不复杂的基础上。

怎样才能用好下属？人们常说“物尽其用，人尽其才”。因此，充分挖掘一个人的潜力就成为关键，而对于领导者来说，发掘好下属的潜力，调动其积极性就成为必要条件。一个真正好的领导者往往善于用人，知道在什么位置用什么样的下属。

其次，要调动下属的积极性，就必须正确对待下属的个人兴趣，这是领导者用人艺术的一个重要方面。那么，在日常领导工作中，应当如何处理好这个问题，以便更好地调动人的积极性，推进事业的发展呢？

1. 要用心发现下属的兴趣

爱因斯坦说过：“我认为对一切来说，‘热爱’才是最好的教师。”郭沫若也说过：“爱好出勤奋，勤奋出天才。”一个人如果对某种事物有了感情和兴趣，就会全神贯注、如痴如醉地沉湎于其中，不仅吃苦受累在所不惜，而且常因此寝食俱废，甚至献出自己的青春和生命。许多令人瞩目的成就和石破天惊的奇迹就是这样被创造出来的。所以，从一个人的兴趣，往往可以窥见一个人的思想、气质和用心所在，可以发现一个人的潜力和才干，这无疑为领导者知人善任提供了极好的信息。所以，每一个领导者都要与下属融洽相处，细心观察和发现下属的兴趣，以作为考察和发现人才、培养和使用人才的重要依据。

2. 充分利用下属的个人兴趣

一个人的兴趣所在，往往就是他的长处和优势。分配给他所感兴趣的工作，积极性、主动性、创造性和责任感就油然而生，工作就会干得很好。而他不感兴趣的工作，就感到百无聊赖、索然无味，即使提供给他的条件再好，待遇再高，也难以做出成绩来，因为他失去了自己的长处和优势，是“舍长取短”。所以领导者在给下属任职、定岗和安排任务时，应尽可能照顾到个人兴趣，使工作与兴趣、专长一致起来，为其提供一种适合其兴趣的工作环境，使每个人干的是他最感兴趣的。例如，让“求知型兴趣”的人去钻研科学，研究问题；让“事业型兴趣”的人去独当一面，开创新领域；让“艺术型”“运动型”“娱乐型”兴趣的人去从事和组织文体事业等等。此外，兴趣与年龄、职业和性格也大有关系。例如，老年人愿做比较稳定的工作，年轻人则活泼好动；技术人员热爱自己的专业；性格外向的人喜欢交朋友，愿意从事社会活动，而性格内向的人则喜欢自己埋头苦干，如此等等。领导者要善于根据每个人的特点和兴趣，扬长避短，量才授职，使每个人都能最大限度地发挥自己的才能。

3. 帮助下属调整个人的兴趣

世上一切事物都在发展变化之中，个人的兴趣也不是一成不变的，总是随着客观需要和个人条件的变化而变化，这就是人们常说的“兴趣转移”。这种转移并非都是坏事，有些顺应历史潮流和需要的“兴趣转移”应当给予肯定和鼓励。如鲁迅弃医从文、孙中山弃医从政等，使他们为国为民做出了更大的贡献。近些年来对经济、法律、管理感兴趣的人越来越多，这是一个极大的好事，应当大力提倡。领导者就是要善于在客观需要发生变化的情况下根据下属的各方面条件，满腔热情地帮助下属把兴趣调整到更合适、更需要更能发挥能力的方面去，并为其新的兴趣创造适宜的环境和有利的条件。

4. 积极培养下属的个人兴趣

领导者虽然有责任把每个人都安排在最适宜其施展才能的岗

位上，但由于工作需要和客观条件的限制，并不能使每个人的兴趣都得到满足，有时甚至完全相悖。在这种情况下，简单生硬地强调“个人服从组织”，搞强迫命令，显然是下策。上策是对下属说明情况，晓之以理，使下属心情舒畅，自觉以大局为重，服从事业发展的需要，还应当想些办法，培养他对新岗位的感情，为使其胜任新的工作提供方便，创造条件。事实证明，兴趣也是可以培养的。人们学习某一学科，或者从事某一工作，开始并不一定都有兴趣。

但只要做好思想工作，使其坚持在这一行干下去，天长日久，兴趣自然就产生了，就会不知不觉地爱上这一行，并干出成绩来。这里还要注意两件事：

一是当发现此人确实难以适应此种工作，或属于埋没人才时，应积极创造条件，改变这种现象，不能用“要干一行爱一行”来卡人家、压人家。

二是当发现他在做好本职工作的同时，还有其他兴趣爱好时，不要说人家“不务正业”“身在曹营心在汉”，一个人可以有多种兴趣爱好，只要无碍工作，都应当允许，有的还要给予支持，促进其全面发展，使其做出更多的贡献。

一个好的领导者最大的成就就是有一群好的下属，因为领导者的能力恰恰就体现为他如何驾驭好下属，用好下属，使其发挥最大的潜力。“人无完人”，领导者不可能是“多面手”，做不到面面俱到，因此办很多事都不可能亲力亲为，都需要下属去办理，只要用好下属，充分发挥下属的能力，就可以提高办事效率，因而如何用好下属就成为领导者办事的关键。

巧妙利用环境教导下属

蓬草虽然柔弱，但由于生长在笔直的麻中，不用扶也自然能笔直生长，这是环境的作用。为人处世中，如能巧妙地利用环境的作用，自然能做出许多自己原本不能做的事情来。

1936年，也就是抗日战争爆发前夕，蒋介石派遣他的随从晏道纲到国民党驻扎在陕西的东北军担任参谋长一职，实际上是去西北当监军，督促"剿共"的工作的。

到陕西后，晏道纲俨然以蒋的化身自居，趾高气扬。对此，东北军将领颇为不满，但又敢怒而不敢言。

在一次宴会上，正当大家尽情酬酢、举怀畅饮之际，忽见东北军的一位军长王以哲，连喝两口酒，把酒杯往身后一掷，前仰后合，一副醉态。他推开搀扶他的人，酒气冲天，醉醺醺地说："不要拉我，让我讲几句……我们的老家在东北，被日本鬼子占了！我们以为委员长能领导我们打回去。我们从东北到华北、华中，这次又到了西北，辗转数千里，无非是想实现打回老家去的愿望！谁想，到陕西打仗，损失得不到补充，牺牲的官兵和家属得不到抚恤，阵亡的遗族流落西安，一点救济都没有。张副总司令（张学良）的处境更让人伤心，他每月的特支费才10万元，还赶不上胡宗南一个师长，真令人悲伤啊！"

王以哲说着说着，竟号啕大哭，满面泪流。酒席上在座的东北军将领莫不感到悲痛和义愤，而晏道纲坐在席位上十分尴尬，茫茫然不知所措。

酒会散后，在回家的路上，王以哲突然询问随从："你看我这出戏，演得怎么样？”

随从始而吃惊，接着恍然大悟，说：“好，好得很，不但代表我们东北军慷慨陈词，也代表张副总司令倾吐出无法说出的话，好！”

真是“醉翁之意不在酒”，王以哲并没喝醉，只是借酒撒疯，说给晏道纲听的。

他把长期积在东北军官兵心中的郁闷，对蒋不抗日反而借“剿共”翦灭异己的强烈不满，以及对前途的担忧，一个劲儿地发泄了出来。

说这些话，是“犯禁”的，在其他公开场合绝对不敢说，弄得不好，脑袋是要搬家的。然而，王以哲利用酒席这个特殊的环境，假借醉言，将想要说的话一股脑儿说了出来，好不畅快！此刻，也没有谁敢责怪他。然而，谁又知道他是在做戏呢？这也是一种谋略，即不刚之刚，火候适中，部下对他的机智佩服得五体投地。

第八章

守着骨气做人，带着底线处世

人到无求品自高

老子说："圣人为腹不为目。"意思是说：圣人追求内心幸福而不贪求肉体享受。

对这句话，现代学者陈鼓应《老子注释与评价》说："为'腹'即求建立内在宁静恬淡的生活。为'目'即追逐外在贪欲的生活。一个人越是投入外在化的漩涡里，则越是流连忘返，使自己产生自我疏离，而心灵日愈空虚。"

幸福是人的本质追求。它需要一定物质享受，但并不是物质享受越多越幸福。两者有一定关系，却不是互为因果的关系。古代人的物质享乐没有现代人多，是不是现代人比古代人更幸福呢？不一定。山区农民没有都市白领的物质享乐多，是不是都市白领比山区农民更幸福呢？也不一定。美国一些学者研究了世界许多地方的生活状态，发现人的幸福指数跟物质丰富程度并无必然关系。人是否幸福，主要取决于他的心态。

从幸福的角度来说，现代人其实很可怜：收入提高了，我们的生活压力并没有因此减轻，甚至压力更大了；物质丰富了，我们并没有感受到生活的精彩；娱乐增多了，我们并没有得到多少愉悦的享受；我们的活动范围扩大了，心中却并没有留下多少美好的记忆。

为什么呢？因为我们的做法跟圣人相反，"为目不为腹"，被动地接受物质刺激，并没有学会如何追求内心的幸福。

这是现代人经常干的傻事：大吃大喝，然后看着镜子里胖乎乎的脸蛋发愁，拼命吃减肥药消除多余的脂肪；追求爱情，最后发现得到的不过是一个男人或一个女人；纵情肉欲，然后到处寻找“伟哥”之类的药品，补救日益疲乏的身体；周游世界，然后带着一身失落回家；拼命赚钱，连老父老母都没时间去看一眼……总之，人们追寻自己的感觉，让自己变得忙忙碌碌，却根本不知道要到哪里去；人们用各种稀奇古怪的东西装饰自己、用各种稀奇古怪的言行美化自己，想证明自己的存在，却根本不知道自己是谁。

在这种迷乱的状态下，如何能找到真正的幸福呢？

幸福是一种心灵，它需要借助一定的物质基础，却不是物质手段能够简单制造出来的。真正的幸福，来自于心灵的觉醒。

有智慧的人，把幸福建立在“道”的追求上，而不依赖物质享受。他们心中执定某个信念，并以保有这个信念为幸福。这并不是说，他们拒绝财富，拒绝物质享受。只不过，当财富和享受跟他心中的信念发生冲突时，他们会毫不犹豫地坚持自己的信念而舍弃其余。

有一次，墨子派弟子公孙让去向越王宣传墨家的政治主张。越王听了很高兴，说：“如果您的老师愿意来到敝国的话，我愿把阴江沿岸三百里的土地送给他。”

公孙让回来向墨子报告此事，并问：“您愿意接受越王的封赏吗？”

墨子反问：“你认为越王会实行我的政治主张吗？”

公孙让想了想，答道：“据我观察，恐怕不能。”

墨子说：“那我就不能接受越王的封赏了！”

公孙让问：“如果得到封地，不是可以在这里实践您的政治主张吗？”

墨子说：“唉！不仅是越王不了解我的心意，连你也不了解。如果越王愿意听从我的主张，我自然会酌情去做。如果越王不接受我的主张，即使把整个越国都给我，又有何用？既然越王根本不会采纳我的主张，如果我接受他的封赠，就是拿原则做交易。如果要拿原则做交易，又何必舍近求远跑到越国去呢？我早就在中原地区有所收获了。”

公孙让惭愧地说：“多谢老师教导，学生实在有些浅薄！”

那些有道之人对于道的执着，以及对于财富和物质享受的态度，确实是常人难以理解的。明明他们有机会轻松改变生活品质，他们却宁可固守贫穷，也不遗弃自己的道。

我们普通人，很难达到圣人的境界。但是，我们想追求幸福的话，必须有一个人生目标。有了目标，你就能忍受辛劳、困苦、挫折，不顾一切地向目标进发，并在过程中品味到真实的幸福感觉。如果没有目标，哪怕坐在黄金盖成的屋子里，拥着世界上最漂亮的女人，吃着世界上最好的饮食，你也只能得到短暂的快乐，而不是真正的幸福。

所以，追求幸福，要从心开始。

咬得菜根，百事可为

历代儒家都讲“义利”，虽然观点各有差异，但有一个共同点：不讨厌富贵而喜欢贫穷，也不喜欢富贵而讨厌贫穷。关键要富得有道，穷得有理。

程颐说：“不愧屋漏，则心安而体舒。”如果不怕贫穷，就会心灵安逸、身体舒畅。别人都住高宅大院，我住在一座晴天不漏雨天必漏的破屋子里，仍然没有一点不好意思的感觉，仍能坦然对人，这种境界就不是一般人比得上的。但是，这里所说的贫穷，是指穷得有理的穷，如果是因为懒惰而致穷，穷得没有道理，仍然面无愧色，就不是境界高。

理学大师张载也说过跟程颐类似的话："天下事，大患只是畏人非笑。不养车马，食粗衣恶，居贫贱，皆恐人非笑。不知当生则生，当死则死；今日万钟，明日弃少；今日富贵，明日饥饿，亦不恤，惟义所在。"意思是说：天下事，最大的麻烦是怕别人非议嘲笑。没有车马，吃粗粮，穿破衣，都怕人非议嘲笑。一般人不知道当生则生、当死则死的道理，也就是说顺其自然。如果懂得顺其自然，那么，哪怕今天俸禄万钟，明天粒米皆无；今天富贵过人，明天忍饥挨饿，这么大的变化，也不感到失落，始终与义同在，做恰当的事。

一个人如果一开始就贫穷，那么，他忍受贫穷的能力就比较强。像张载所说，"今日万钟，明日弃少；今日富贵，明日饥饿"，这么大的变化，没有多少人受得了。如果受得了，天下就没有受不了的事。有的人一夜暴富，兴奋发狂，所行之事都跟以前不同了，好像换了一个人似的。有的人一夜赤贫，痛苦得受不了，干脆从高楼顶上跳下去。至于那些从领导岗位退下来的人，其失落的心情可能要持续好几年。

但这种贫富落差，有一个人肯定受得了，那就是道家大师庄子。

有一次，庄子穿着一身补了又补的破衣裳，鞋子也破得套不住脚，只好拧了一股麻草将鞋子绑在脚上，然后去拜访魏王。魏王看到他的样子，吃惊地问："先生为什么会潦倒成这个样子呢？"

庄子纠正道："是贫穷而不是潦倒。读书人有事业，有德行，却实行不了，这就是潦倒。衣服破了，鞋子破了，是贫穷而不是潦倒。这就是常说的不遇时啊。大王难道没见过那既会爬树、又跳得高的猴子吗？当它找到了楠竹、楸树、樟树等高大乔木，便能攀缘着树枝，在林中荡来荡去，既惬意又自如，即使是后羿和逢蒙这样的古代射手，也不能斜眼看它。这是它遇到适合环境时的情景。等到落到黄桑林、丛生的小枣树，乃至枳壳、枸杞这类低矮的林木中时，那它就只有小心翼翼地步行，连眼也不敢斜视。这并不是它的筋骨变得僵硬，不柔韧灵活了，而是环境不利，不能施展它的技能了。”

庄子说了这一大堆话，就是说明自己穷得有理，用不着愧疚。但是，庄子并非没有享受富贵的机会，只是他不愿意要罢了。

有一次，楚威王派几位大夫充当使者，领着一队壮士，抬着猪羊美酒，带着千两黄金，驾着华丽的车马，来到庄子家，想请他去楚国当卿相。

庄子对这意外的惊喜不放在眼里，说了一套洋洋洒洒的话：“千金是重利，卿相是尊位，多谢你家大王。然而，诸位难道没有瞧见过君王祭祀天地时充作牺牲的那头牛吗？想当初，它在田野里自由自在，只是它的模样生得端庄一点，皮毛生得光滑一点，就被人选入宫中，给予很好的照料，生活是好多了，然而正所谓‘喂肥了再宰’。到时，牛的大限已到，当此关头，这牛倘想改换门庭，再回到昔日劳苦的生活中去，还有可能吗？还来得及吗？那么，去朝廷做官，与这头牛有什么差别呢？天下的君王，在他势单力孤、天下未定时，往往招揽海内英雄，礼贤下士，一旦夺得天下，便为所欲为，视百姓如草芥。对于开国功臣，则怕其功高震主，无不杀戮，真所谓‘飞鸟尽，良弓藏；狡兔死，走狗烹’。你们说，去做官又有什么好结果？放着大自然的清风明月、荷色菊香不去观赏消受，偏偏费尽心机去争名夺利，岂不是太无聊了吗？”

几位使者见庄子对世情功名的洞察如此深刻，也不好再说什么，只得快快告退。其中一位使者如受当头棒喝，决定上奏君王告老还乡。

庄子仍然过着洒洒脱脱的生活，或登山临水，笑傲烟霞，或冥思苦想，发为文章，在贫穷中享受人生的快乐和尊严。

道家的观念是视功名富贵如粪土，所以在名利面前，他们总是能保持平常心。但儒家不同，儒家并不厌弃富贵，只是厌弃非道而得的富贵。不厌富贵的人忍受贫穷当然比厌富贵的人更难。但真正的儒家仍能忍受。这种品格就非常值得敬佩了。

宁受损失，不弃信用

老子说：“信不足焉，有不信焉。”别人不那么相信你，是因为你做过不守信用的事。老子在《道德经》第十七章和二十三章都提到“信不足焉，有不信焉”这句话，他还在很多章节提到守信的重要性，例如“悠兮贵其言”、“希言自然”等。

为人处世之道，大概没有什么比诚笃守信、取信于人更为重要的了。《淮南子》说：“人先信而后求能。”一个人有才能而少信用，难有作为；一个人才能平平而信用足备，却有可能成大器。一些政坛巨擘，比如刘邦、刘备、朱元璋这些人，学问并不高，也没有过人的智谋，却能成就丰功伟业；一些商界巨贾，如胡雪岩、松下幸之助、王永庆这些人，读书并不多，也没有什么背景，却能富甲天下。一个很重要的原因是，他们具有很雄厚的信用资本。

大凡杰出人士，在谈论成功经验时，都认为做人品格比做事能力重要；在做人品格中，信用又列在首位。

香港“珠宝大王”郑裕彤认为他的成功秘诀是：“守信用，重诺言，做事勤恳，处事谨慎，饮水思源，不应见利忘义。”

“华人首富”李嘉诚也一再强调信用的重要性，他说：“有了信誉，自然就会有财路。”“多赚一点钱，在今日的环境中并不是件困难的事，要维持好名誉，那才是主要的。”“一时的损失，将来可以赚回来，但损失了信誉，就什么事情也不能做了。”

信用是一个凝聚人心的磁场。你的事业越大，对你的信誉度要求越高。这是因为，任何伟业，都不是独自一人能够完成，必须有他人的参与，而且参与者人数越多、素质越高，事业就做得越大。但是，每个人做事，都要求回报。你想让别人帮你做事，除非他们确信能从你这里得到回报。大家把智谋体力交托给你，就像将钱存在银行一样。你这家银行光收钱不兑现，大家怎么敢往你这里存钱呢？如果大家对你确信无疑，就会全力以赴为你做事，众志成城，什么大事不成？

信用具有难求易失的特点，一次失信，就像大厦坍塌了一样，重建非常困难。相反，办了蠢事，或许会蒙受局部损失，却不至于导致根本性危害。正因为如此，有时宁可办蠢事，也别丢掉信用。

三国时，诸葛亮四出祁山伐魏。魏明帝曹睿御驾亲征，率大军迎战。魏军有30余万，兵力众多，连营数里。面对着兵多将广、来势凶猛的魏军，诸葛亮不敢轻敌，命令部队占据山险要塞，严阵以待。魏蜀两军，旌旗相望，鼓角相闻，战斗随时可能发生。在这紧要关头，蜀军中有8万人服役期满，正整装待返故乡。如果这 8 万老兵离开，蜀军的实力会大打折扣，众将领都为此深感忧虑。那些服役期满的士兵们也在忧虑，生怕盼望已久的回乡愿望不能实现。

不少将领向诸葛亮建议，将 8 万老兵的退役期延长一个月，等打完这一仗再走。诸葛亮断然拒绝："统帅三军必须以绝对守信为本，我岂能以一时之需，而失信于军民？何况远征的兵士早已归心似箭，家中的父母妻儿终日倚门而望，盼望他们早日归家团聚，我怎能不考虑大家的感情呢？"于是，他下令各部，催促兵士登程。此令一下，那些退役士兵感激得涕泪交流，纷纷说："丞相待我们恩重如山。"他们都要求留下参加战斗。那些现役士兵也受到极大鼓舞，士气高昂，摩拳擦掌，准备痛歼魏军。

诸葛亮在紧要关头不失信用，使还乡命令变成了战斗动员令。不久后，一战大败魏军，魏军被迫全线撤退。犒劳三军之时，诸葛亮尤其褒奖了那些放弃回乡、主动参战的士兵。

大战当前，让前线士兵服员回家，会大大削弱军队的战斗力，无疑是办蠢事。诸葛亮这么聪明的人，为什么要做这种蠢事呢？这是因为，一时战斗失利，以后还可以再战；失掉了民心，以后如何凝聚众力？所以，诸葛亮宁可冒战斗失利的风险，也要对士兵、百姓讲诚信。这确实是一种大政治家的气度。

在生活中，我们不被人信任，肯定是做过不守信用的事。正如老子所说，"信不足焉，有不信焉"。因为信用这种东西，难求易失。十次守信，可能被某一次不守信全部抵消。大多数人，并不是每一次都不守信，可能只是某几次没有兑现诺言，就在他人心目中留下了不守信用的印象。一次不守信，可能使我们获得某种利益或解决暂时的危机，但失去信用所隐伏的损失和危机更大。

所以，明智的人，宁可蒙受眼前的损失，也不愿失去长期的信用。

好事坏事都不可做过头

君子和小人都有一个习惯：以己度人。君子以为别人都跟自己一样好，所以想做得更好，总是迁就自己、成全别人；小人怀疑别人都跟自己一样坏，所以想做得更坏，总是满足自己、损害别人。程颐说："君子常失于厚，小人常失于薄；君子过于爱，小人过于忍。"(《程氏遗书》) 言之当也。

小人坏得过头，所使用的手段往往很卑劣，所造成的后果也是十分可怕的。战国时，春申君有个爱妾名叫余，一心想成为正室。如何让丈夫废掉原配妻子呢？她就动起了歪脑筋。有一天，余哭哭啼啼地去找春申君，并揭开上衣，露出青一块紫一块的腰部给他看。春申君大吃一惊，忙问怎么回事。余说："我能够为您作妾，真是三生有幸。可是，我想侍候好夫人，就侍候不好您了；想侍候好您，就侍候不好夫人了。既然我无能，侍候不好两个主子，与其死在夫人手中，不如让您赐死，这样我也死得瞑目了。"

余的表演很逼真，春申君信以为真，立即废了正妻，立余为正妻。

后来，余生了儿子，又想废掉春申君的大儿子甲，好立自己的儿子为继承人。有一天，她把自己的内衣撕破，然后哭着去找春申君，说："我受您的宠爱这么久了，还为您生了孩子，甲不是不知道。今天早上我在后花园里散步，他却要调戏我。我不敢玷污您的名声，拒绝了他，谁知他竟敢强行非礼，连衣服都被他撕破了。"

春申君怒火中烧，立即命侍卫把甲给杀了。

余为了一己之私，竟不惜害人性命。这种心机，太恐怖了。

那么，君子好得过头，是否只有好处，没有坏处呢？不然。君子一味做好人，只管付出，不讲回报，看起来高风亮节，其实也是毛病。为什么呢？道理很简单：你付出了很多，却不追求应得利益，并不是公平的结果。好比卖东西，一分货只卖半分钱，能说是公平买卖吗？你的慷慨大方，搞乱了市场规则，对人对己对社会都没有好处。这绝不是“一个愿打，一个愿挨”的问题，将影响到大家共同的生存环境。要不然美国人为什么动辄“反倾销”呢！

好得过头和坏得过头，都是在制造不公平。

这个世界的确需要同情，但更需要“等价交换”的规则。过多的同情心可能培养懒惰和不负责任，也可能使自己陷入困境。只有按“等价交换”规则，让“多劳者多得”，让“不劳动者不得食”，才能维持人际关系的正常化和推动世界前进。

俗话说：“一斗米养个恩人，一石米养个仇人。”过度的同情心将让人放弃做人责任，放纵不理智的贪婪。所以，请慎用你的好心，不要帮别人启开贪欲之门。当有人需要帮助时，你可以像打发叫花子一样给予“一把米”，也可以像资助朋友一样赠送“一斗米”，但绝不可像喂养孩子一样奉献“一石米”，否则，他会将你的慷慨视为他自己的权力，绝无感恩戴德之心；一旦馈赠停止，仇恨便油然而生。正如《菜根谭》所云：“千金难结一时之欢，一饭竟至终身之感，盖爱重反为仇，薄极反成喜也！”

帮助朋友，理所应当。是否得到回报，不是大问题，开心即是回报。如果他讲感情，讲义气，有才能，又肯上进，帮助他何乐不为？但有两种人绝不可帮：一种是极端自私的人；一种是依赖心理特别强的人。

极端自私的人，总是以“我”为先，记过忘恩。他把朋友的帮助看成自己的权利，把别人冒犯看成意外的损失。无论你给予他多少温暖，都不能融化他心中的坚冰，只需一点点伤害，就能点燃他心中的怒火。他对于侵害朋友的利益，从来问心无愧。

依赖心特别强的人，一旦你决定帮他，他就把自己应该挑的担子全压在你身上。他的作风是，利在情在，利走情亡，“有奶就是娘”。他不愿背叛你，但如果背叛你有利可图的话，他也不会客气。

这两种人绝不可帮，甚至应该回避交往。如果你因为帮他们惹上麻烦，那是你自己的过错。

勿以一己好恶论是非

每个人都愿意跟自己喜欢的人交往，如果不喜欢，就不愿成为他的妻子，不愿成为她的丈夫；如果不喜欢，就不愿成为那个人的朋友；如果不喜欢，就不愿给那个人当上司或当下属。偶尔迫于情势，会跟某些不喜欢的人打交道，但多数时候，还是愿意跟喜欢的人在一起，正如程颐所说：“人心所从，多所亲爱者也！”（《程氏遗书》）

程颐又说：“常人之情，爱之则见其是，恶之则见其非。”（《程氏遗书》）一般人的心理是，喜欢一个人，就觉得他什么都对；厌恶一个人，就觉得他什么都不对。事实确实如此。如果问一个男人或女人喜欢恋人什么，答案通常是：我喜欢他（她）的一切。难道恋人的一切真的那么好吗？因为爱，不好也像很好。等到某一天情爱转淡，这会儿眼睛就明亮了，好就是好，不好就是不好，看得明明白白。等到某一天关系转恶，眼睛不但特别明亮，还变成了“放大镜”和“哈哈镜”，不好的愈见其坏，好的也扭曲变形。

很少有人能不带情绪地对他人他事做出判断。所以程颐说：“故妻孥之言，虽失而多从；所憎之言，虽善为恶也。”（《程氏遗书》）妻子、情人的话，虽然是错的，也经常听从；讨厌的人说的话，再对也像谬论。“妻孥之言”，犹如我们现在所谓“枕边风”，很多聪明人，被“枕边风”一吹，就昏头昏脑，办事也糊涂起来。有的人被“枕边风”吹成了贪官，有的人被“枕边风”吹进了监狱，有的人被“枕边风”吹掉了性命。俗话所谓“家有贤妻，不受孤凄”，不无道理。

人的好恶情感不是恒定不变的，也许一件小事就能让一个心情不快的人开心起来，也许一句话就能让一个人的好感变成恶意。这一来，对人的看法也会随时而变。

有个名叫祁射子的贤士去见秦惠王，交谈之后，秦惠王很欣赏他的才能，想重用他。唐姑心里嫉妒，就在秦惠王面前讲祁射子的坏话。当祁射子第二次去见惠王时，秦惠王的态度变得很不友好，祁射子只好识趣地离开了。不是祁射子有什么改变，也不是他说的话不同，而是对方的心情不同了。

所以程颐说：“苟以亲爱而随之，则是私情所与，岂合正理？”（《程氏遗书》）如果因为喜欢某人而听从他的意见，这是私情往来，哪合正理呢？其实，当一个人受情绪左右时，理智的力量已经变得很弱小，哪管得了什么正理，甚至连显而易见的危机也看不见了。

吴起是一个出色的军事家，他帮助魏王治理西河时，秦军不敢越雷池一步。秦王为了实现统一天下的野心，派人向魏王实施离间计，说吴起占据西河，意图谋反。魏王相信了，立即召回吴起。

吴起离开时，望着西河，泪流满面。车夫不解地问："您志向高远，把抛弃天下看得像抛弃一只破鞋子一样。现在您离开西河一个这么小地方，却哭起来。这是为什么呢？"

吴起说："哎！你不知道啊！国君如果真的了解我，让我把才能都发挥出来，一定可以灭掉秦国，凭着西河就可以成就霸业。但国君并不了解我的志向，而听信小人的谗言。西河不久就会成为秦国的领土了，魏国也将从此衰弱了！"

果然，吴起一离开魏国，秦军就攻占了西河，并进而灭掉了魏国。

当初，魏王只需稍稍动一下脑子，就知道吴起对自己是多么重要。可是他受到挑拨后，对吴起的好感全都变成恶感，连想一想他的好都不愿意了，又哪能想到国破身亡的结局呢？

孔子曾说："暗中的谗言，直接的诽谤，在你那里都行不通，就可以说是明智了；暗中的谗言，直接的诽谤，在你那里都没有一点市场，你就站得很高、看得很远了。"防止谗言、诽谤左右自己的好恶情感，确实是保持理智的可用之方。如果做不到的话，不妨采用变通的办法：当你对一个人充满喜爱时，就要考虑是否忽略了他的缺点；当你对一个人充满厌恶时，就要考虑是否忽略了他的优点。如此，就能有效降低好恶情绪对自己的伤害。

守住做人底线

做人，需要讲究原则。原则是为人处世的一个最底线，没有这条线，就好像长跑运动员起跑的时候没有起跑线，该结束时又不知在什么地方结束一样，前进没有了目标，后退也乱了分寸。人的轻举妄为、胡作非为、无效劳动、搬起石头砸自己的脚，以至自讨苦吃的种种行为，无不是在丧失原则，乱了分寸，没有守住自己人生的最底线而发生的结果。做人，应该守住自己人生的底线。

在这个世界上，我们不可做的东西实在太多，如不投机取巧，不感情用事，不忽冷忽热，不滥发脾气，不标榜自己，等等。有些是我们现在不可做，但不是说以后不可做，但是，有些却是我们无论现在还是将来都不能去做的，如果你非要去做不可，别人就会冷漠你、疏远你，把你抛进人际关系的孤寂冰缝中，谁也不理你，试问你还能做得成“人”吗？

也许，我们无法为你设计规定出谁谁应该去做什么、怎么做的蓝图，因为每个人的条件、处境、志趣、价值选择有很大不同。我们也不可能建议人人都成为炸碉堡的烈士，就像不能建议人人都去成为比尔·盖茨一样；我们无法建议人人都去搞发明创造，就像无法建议人人都去当一辈子老黄牛一样。但是我们至少可以建议他们不要去做什么，不要去做蠢事坏事，不要去做愚而诈的事，不要去做逞一己之私愤而置后果于不顾的不负责任的事等等。

以下是一些做人需守住底线的最起码的要求，只是一点建议，或许对你判断什么能做有所帮助、启迪。

1. 不要反科学、反常识、违反客观规律地一厢情愿地做，即蛮干地做。如企图用群众运动来破百米短跑的世界纪录。

2. 不要为了自身的需要而乱做。前不久，我看到过一篇微型小说，讲的是一个老人病了，他的几个孩子为了表达孝心，纷纷找一些江湖术士给老爷子治病，结果把老爷子吓跑了，说的就是这个意思。

3. 不要过度地做。一件事也许你只需要找几个人帮忙，就可以办成。但如果你找了十几个，上百个呢？你能保证这些人都处在同一条战线上的？这只能引起大反感、大麻烦，能办成的事最后反而办不成了。

4. 不要斤斤计较、得不偿失地做。为了一点蝇头小利而大动干戈，徒然贻笑大方，至于造成的后遗症则更是不堪设想。

5. 不要做那些丢人现眼的事，如钻营、吹嘘、卖弄、装疯卖傻……

6. 不要张张扬扬、咋咋呼呼地做……

人生苦短，百年一瞬，大家不可能都有一样的成就，却可以把生命和精力，把有限的时间不要放在最不应该有的行为上。没有这些本应该没有的行为，没有这些劣迹和笑柄，没有这些罪过和低级下作，那么，无论你的成就大小，你还是可以非常心安理得地享受人生。

失去诚信最可怕

日本著名的企业家吉田忠雄在回顾自己的创业成功经验时说过，为人处世首先要讲求诚实，以诚待人才会赢得别人的信任，离开这一点，一切都成了无根之花，无本之木。

在他创业的初期，他曾经做过一家小电器商行的推销员。开始的时候，他做得并不顺利，很长时间业务没有什么起色，但他并没有灰心，而是坚持做下去。有一次，他推销出去了一种剃须刀，半个月内同二十几位顾客做成了生意，但是后来突然发现，他所推销的剃须刀比别家店里的同类型产品价格高，这使他深感不安。经过深思熟虑，他决定向这二十几家客户说明情况，并主动要求向各家客户退还价款上的差额。他这种以诚待人的做法深深感动了客户，他们不但没收价款差额，反而主动要求向吉田忠雄订货，并在原有的基础上增添了许多新品种。这使吉田忠雄的业务数额急剧上升，很快得到了公司的奖励，这给他以后自己创办公司打下了良好的基础。

诚信，是一个非常重要的交际原则。没有人际交往就无所谓信用，只有在人与人的交往中才出现信用问题。人离不开交往，交往离不开信用，只有坚持诚信原则的人，才能赢得良好的声誉。他人也才愿意与其建立长期和稳定的交往。

东周时期，晋国晋文公重耳即位之后，有些诸侯小国却不愿意臣服他。原国虽然是小国，可是因始封之君是周文王的儿子，怎么甘愿承认从国外逃亡归来的重耳成为他们的霸主呢？于是不断挑起边衅，制造事端。晋文公为了平息动乱，为自己的霸业打好基础，决定讨伐原国。

战前，晋文公亲自部署作战方案，到士兵中作战前动员。他与士兵约定："根据我们的军事力量和原国的战斗实力，我们能够速战速决。以七天为限，降服原国。"

但这次战争的结果却出乎预料。原国的将士们在强大的晋国面前，英勇顽强，沉着应战，尽管他们伤亡惨重，给养困难，但仍有拼死决战的势头。

七天期限已到，原国仍然十分顽强。晋文公为遵守诺言，便坚定地下达了撤离的命令。眼见原国已经接近绝路，军官们纷纷向晋文公进谏，请求再坚持一下，大家一致表示："只要再坚持三天，原国军队就会完全崩溃，只有投降臣服的路了。”

面对原国即将陷入绝境以及军官们纷纷请战的局面，晋文公坚定地说：“君主应当言而有信，遵守诺言是国家得以昌盛的珍宝，也是军队能够立于不败之地的珍宝，为了降服原国而失掉如此贵重的东西，我们值得吗？我们合算吗？”

这一次，晋文公虽然没有征服原国，但他言出必践的事情却传遍了周边的国家。

第二年，晋文公又一次发兵攻打原国。这次他与士兵约定并向外宣布：“这一次，我们必须坚持到底，达到彻底征服和得到原国的目的后再返回。”

原国人听到这个约定，知道晋文公不达目的是不会罢休的。于是战幕还没有拉开，就投降了。另外一个一直不肯臣服的卫国，也归顺了晋国。

“诚信者，天下之结也”，这是中国古人从帝王到百姓都信奉的处世立世之本。孔子说“民无信不立”，“与朋友交，言而有信”，就是强调人们必须把守信用作为人生的重要信条。

要想建立好声誉，获得别人的好感，你必须看重诺言的价值。一旦失信，你失去的可能不仅仅是你的人品，更可能是一笔巨大的财富。

有一则名酒的广告是这样说的：狼来了不可怕，失去诚信最可怕。确实，在人际关系越来越复杂，越来越重要的社会里，这则广告宣传的酒你可以忘记，但这句话你必须永远铭记。

不要输掉“精气神”

英雄可以被毁灭，但是不能被击败；英雄的肉体可以被毁灭，可是英雄的精神和斗志则永远在战斗。

大部分人在一生中都不会一帆风顺，难免会遭受挫折和不幸。但是成功者和失败者非常重要的一个区别就是：失败者总是把挫折当成失败，从而使每次挫折都会动摇他胜利的信念；成功者则是从不言败，在一次又一次挫折面前，总是对自己说："我不是失败了，而是还没有成功。"一个暂时失利的人，如果继续努力，打算赢回来，那么他今天的失利，就不是真正的失败。相反的，如果他失去了再战斗的勇气，那就是真输了！

美国著名电台广播员莎莉·拉菲尔在她 30 年职业生涯中，曾经被辞退 18 次，可是她每次都放眼最高处，确立更远大的目标。最初由于美国大部分的无线电台认为女性不能吸引观众，没有一家电台愿意雇佣她。

她好不容易在纽约的一家电台谋到一份差事，不久又遭辞退，说她跟不上时代。莎莉并没有因此而灰心丧气。她总结了失败的教训之后，又向国家广播公司电台推销她的节目构想。电台勉强答应了，但提出要她先在政治台主持节目。"我对政治所知不多，恐怕很难成功。"她也一度犹豫，但坚定的信心促使她去大胆地尝试了。她对广播早已经轻车熟路，于是她利用自己的长处和平易近人的性格，大谈即将到来的 7 月 4 日国庆节对她自己有何种意义，还请观众打电话来畅谈他们的感受。听众立刻对这个节目产生兴趣，她也因此而一举成名了。

如今，莎莉·拉菲尔已经成为自办电视节目的主持人，曾两度获得重要的主持人奖项。她说："我被人辞退 18 次，本来可能被这些厄运吓退，做不成我想做的事情。结果相反，我让它们鞭策我勇往直前。"

有些人总把眼光拘泥于挫折的痛感之上，他就很难再抽出身来想一想自己下一步如何努力，最后如何成功。一个拳击运动员说：“当你的左眼被打伤时，右眼还得睁得大大的，才能够看清敌人，也才能够有机会还手。如果右眼同时闭上，那么不但右眼也要挨拳，恐怕连命都难保！”拳击就是这样，即使面对对手无比强劲的攻击，你还是得睁大眼睛面对受伤的感觉，如果不是这样的话，一定会失败得更惨。其实人生又何尝不是这样呢？

大哲学家尼采说过：“受苦的人，没有悲观的权利。”已经受苦了，为什么还要被剥夺悲观的权利呢？因为受苦的人，必须克服困境，悲伤和哭泣只能加重伤痛，所以不但不能悲观，而且要比别人更积极。在冰天雪地中历险的人都知道，凡是在途中说：“我撑不下去了，让我躺下来喘口气”的同伴，很快就会死亡，因为当他不再走、不再动时，他的体温就会迅速地降低，接着很快就会被冻死。可不是吗？在人生的战场上，如果失去了跌倒以后再爬起来的勇气，我们就只能得到彻底的失败。

所以，无论遭受多少挫折，无论输多少次，也不能输掉自己的精气神。

天道无亲，常与善人

老子在《道德经》中说：“天道无亲，常与善人。”意思是说：天道没有偏心，却经常帮助好人。

既然天道没有偏心，为什么经常帮助好人呢？难道这不是对好人偏心吗？非也！天地帮助好人，是“不帮之帮”，是“无为之爱”。也可以说，是道在自然运行的过程中，使好处自然而然地流到好人这里，就像水自然而然地流到比较低洼的地方一样。

天道的运行，确实存在某种玄妙之处，它在若有若无、若隐若现中，无声无息地发挥着作用。

有时候，人们认为“好心有好报”，可是等了许久，没看见“好报”在哪里。

有时候，人们认为“好心无好报”，事后却惊讶地发现，“好报”大得惊人。

这其中的道，不是人们能够完全看透的。但是，人们看不透，不等于道不存在。不管能否看透，相信“好人有好报”，总是不错的。

当我们帮助别人时，也许是在以一种看不见的形式帮助自己。正因为看不见，就好像是在做一件只有付出没有收获的傻事。事后才可能看清做好事与得好报之间的内在逻辑。

一天，旅行家辛格和一位朋友正穿越喜马拉雅山脉的某个山口。在跟一场暴风雪搏斗了将近三个小时之后，他们筋疲力尽，又冷又饿。

忽然，他们看见雪地上躺着一个昏迷不醒的人，半个身子已被雪掩埋。辛格顿生恻隐之心，蹲下来一检查，发现这个人还活着，只是被冻晕了。辛格跟朋友商量，要不要设法带走这个倒霉的家伙？朋友惊叫起来：“别干傻事，辛格！我们自身难保，带上一个累赘，我们都会丧命的。”

辛格略一犹豫，决定帮助这个半死不活的人。他叫朋友将此人扶到他背上。朋友冷冷地说：“既然你执意要救他，那么好吧，这是你的事，跟我无关！”说完，朋友独自走了。

辛格费了很大的劲，才把这个昏迷的人抱起来，放在自己背上，一步一步地往前走。这个人很重，尽管是在冰天雪地里，走不了多久，辛格已浑身发热。他的体温使背上那个冻僵的躯体温暖起来。那人活过来了。没过多久，两人便并肩前进了。

当他们走到另一个山口时，辛格发现了他那位独自离去的朋友，正躺在雪地上，已经冻死了。

当辛格和他的朋友遇到一个冻得半死不活的人时，他们哪能知道救不救这个人跟自己能否活下来有很大关系呢？朋友以为不救这个人才有生机，谁知却冻死了；辛格为一个需要帮助的人提供了温暖，他也因为这温暖而存活。天地间确实存在某些我们的智力无法猜透的玄机。但是，只有互相帮助，才符合天地之道啊！

有时候，好事做过了，好报得到了，事后也不一定知道自己已经得到了好报。如果不是因缘巧合，得到好报的人也许一辈子都不知道自己竟是“天佑善人”的受益者。

第二次世界大战期间，艾森豪威尔出任盟军统帅。他的军队将法西斯打得节节后退，形势一派大好。一天，艾森豪威尔带着随从，冒着纷飞的大雪，驱车赶往总部开会。

在刚刚解放的法国，一切百废待兴，正常的交通尚未恢复，路上几乎没有什么车。忽然，艾森豪威尔看到路边有一对年老夫妇，满面愁容，相拥而坐，在寒风中瑟瑟发抖。艾森豪威尔立即命令停车，让翻译官下去了解情况。一位参谋劝阻道：“我们得赶回总部开会，这种小事还是交给当地警方处理吧！”

艾森豪威尔不以为然地说：“等警察赶到，他们早就冻僵啦！”

翻译官走过去一问，原来这对老夫妇准备去巴黎投奔儿子，由于车子抛锚，不知如何是好。翻译官向艾森豪威尔汇报了情况，也建议通知地方警察来处理。

但艾森豪威尔知道，在这种恶劣的天气里，警察需要好几个小时才能赶到，谁也无法保证两位老人在这几个小时里不会发生什么事。他想，如果让车开快一点，即使绕道去一趟巴黎，也不会耽误开会。于是，他当即请老夫妇上车，将他们送到了他们想去的地方。

事情到此，艾森豪威尔算是做了一件好事，他得到好报了吗？他在战争中赢得的巨大声誉，能算在这件好事账上吗？恐怕谁也不会这么认为。

幸亏盟军打败德军后，缴获到一份情报，才发现了一个惊人的秘密：就在这一天，几个纳粹狙击手埋伏在艾森豪威尔常走的那条路上，他们算好了精确时间，校正了准星，只要艾森豪威尔出现，他们准能敲碎他的脑袋。没想到，艾森豪威尔却因为两位老人，临时改了道。

在生活中，每个人都做过好事，是否得到了回报呢？不知道。也许你就像艾森豪威尔一样，早就在不知不觉中得到了回报呢！只不过你做的好事不够多，回报不明显罢了。那个你曾经帮助过的人，也许正是你的救命天使呢！

不管做坏人有没有恶报，做坏人的滋味都不好受；不管做好人有没有好报，做好人感觉都很好。

所以，安心于做一个好人吧！

无人处也不可做坏事

孔子说：“君子慎独。”意思是说，即使一个人独处时，也要克制自己，不要做失道失德的事。

《礼记·中庸》也说：“道者，不可须臾离也，可离非道也。是故君子戒慎乎其所不睹，恐慎乎其所不闻。莫见乎隐，莫显乎微，故君子慎其独也。”意思是说，道德原则是一时一刻也不能离开的，要时刻检点自己的行动，警惕是否有什么不妥的言行而自己没有看到，害怕别人对自己有什么意见而自己没有听到。

“慎独”也可以作为识别人的道德品质的方法。一个人的道德品质往往从最隐蔽、最细微的地方真实地暴露出来。在公开场合，在大的问题上，由于法制、舆论的压力，人们不能不检点约束自己的言行；在独处无人监督时，或者在细小的问题上，人们就容易放纵自己，暴露出真实的思想面目。

“慎独”修养方法的实质是提倡高度的自觉性。这个原则不管什么时候，都是必须牢记在心的。在这方面，唐太宗就十分注意严格要求自己。他说：“身为国君，必须先以人民的生活安定为念。压榨人民而自己却过着奢侈浪费的生活，无疑是割取自己腿上的肉吃一样，等到吃饱了身体也随着完结了。倘若希望天下安泰，首先必须端正自己的姿态。迄今为止，尚未听说直立的身体却映出弯曲的影子，也没有听说过端正的君主治理下的政治，百姓会胡作非为。”

唐太宗以这种态度来处理政事，率先努力端正自己的行为，虽然已经十分努力了，但他仍然怀疑自己是不是做得不够彻底。有一次，他向魏征表示这种不安：“我一直努力端正自己的行为，但是不管怎么努力，也及不上古代的圣人，因此不得不担心自己是否会受到世人嘲笑。”

魏征听后安慰他：“从前鲁哀公曾告诉孔子，有一个健忘的男子，在搬家的时候连自己的太太都给忘了。孔子听后回答说，还有更严重的呢，像桀和纣等暴君不要说自己的太太，甚至连自己都忘了呢。陛下千万不要连这个都忘了，只要能时时留心自身，至少不至于受到后世子孙的嘲笑。”由此观之，如果领导者能够率先做出表率，修正自己的行为，那么部下就会群起效法，端正自己的品格行为。

这种自我保护的措施，主要是进行自我反思，反思自己的行为是否有越轨之处，语言是否有不妥当的地方，一些习惯是否符合于社会道德规范，是否自己过于恃才傲物、不够谦虚，等等。古人云：“御寒莫如重裘，止谤莫如自修。”别人对自己的一些议论总是事出有因，应先反省自己。

只要自己能够不断自省，那就可以在各种环境里都自持而不虚。

第九章

达观生活，乐观立世

幸福来源于简单的生活

幸福来源于“简单生活”。文明只是外在的依托，成功、财富只是外在的荣光，真正的幸福来自于发现真实独特的自我，也就是要你永远保持心灵中的那份宁静。

有一个女孩子，她生性乐观积极，也很懂得过日子，更知道要如何排解自己的不快。

清晨醒来，她会对镜中的自己大声说：“今天是个好日子。”即使昨天的坏情绪尚未消除，她还是会大声地说。

然后刷着牙，想着刷牙是一件多么令人愉快的事，牙齿将变得洁白干净，不会受到蛀虫的侵袭，口气清新。

洗脸也是一件非常愉快的事，因为清水的湿润，会使脸上的皮肤感到无比的舒畅。这都使她的脑细胞感到无比快乐。

她把细胞快乐论告诉人们，如果我们身上的每一个细胞都很快乐，我们自身当然也会非常地快乐。因为人的身体是由 60 ~ 70 兆个细胞组合而成的，所以让所有细胞和睦相处，是生活中最重要的一桩大事。

女孩的细胞快乐论正是告诉人们必须从内心深处去爱身体中的每一个细胞，不停地与它们对话，让这些原本就健康、活跃的细胞更新苏醒，并发挥正常的功能。

虽然有人觉得这种与细胞对话的方式有些可笑，不过既然是一个不错的方法，就值得试试。渐渐地，你的生活模式就会发生改变。

每天清晨起床，对镜中的自己说："今天将是美好的一天。"

总是保持着笑容，变得比以前开朗，不再把事情看得太严重，反正天塌下来还有别人顶着，无论何时、何地，总是积极地挑战明天。开始懂得与大家和睦相处，而不是明争暗斗，从心底去爱人，而不是做做表面文章……

不要过于以自我为中心，不要将工作、赚钱的行为视作生活的全部，而是要把它当作游戏般去处理。

当消极心情出现时，要让自己的心情转换成积极心态；当忧郁心情出现时，要立即想办法将自己的心情调适到开朗的地步。

人生只有一次，无可取代，为什么要因身外之物而烦恼，无辜损伤了自己的细胞。

快乐人生靠自己

不论外在环境是否狂风暴雨，只要心中有阳光，人生永远充满希望。

心理学家指出，每个人都具备使自己幸福快乐的资源，像谦虚、合作精神、积极的态度，还有爱心。这些特质几乎都可以在每个人的身上找到，只是许多人没有把这些"幸福快乐的资源"运用好。

每一个人都可以通过改变思想去改变自己的情绪和行为，从而改变自己的人生。我们每天遇到的事物，都包含成功快乐的因素，取舍全由个人决定。因为所有事情和经验里面，正面和负面的意义同时存在，把事情和经验转为绊脚石或者是踏脚石，由你自己决定。

幸福快乐的人所拥有的思想和行为能力，都是经过一个过程培养出来的。在开始的时候，他们与其他人所具备的条件是一样的。

情绪、压力或困扰都不是源自外界的人、事、物，而是由自己内心的信念和价值观产生出来的。有能力给自己制造出困扰的人，当然也有能力替自己消除困扰。

点亮心灵之灯

在生命的旅途中，一定会遇到各种挫折和困境。这时，只要心头有一个坚定的信念，努力地去寻找，就一定会渡过难关的。

一只航行中的船在大海上遇上了突如其来的风暴，不久就沉没了，船上的人员利用救生艇逃生。在大海中他们被海风吹来吹去，一位逃生者迷失了方向，救援人员也没能在搜寻中找到他。

天渐渐地黑下来，饥饿寒冷和恐惧一起袭上他的心头。然而，他除了这个救生艇之外一无所有，灾难使他丢掉了所有，甚至还即将夺去他的生命，他的心情灰暗到极点，他无助地望着天边。忽然，他似乎看到一片阑珊的灯光，他高兴得几乎叫了出来。他奋力地划着小船，向那片灯光前进，然而，那片灯光似乎很远，天亮了，他还没有到达那里。

他继续艰难地划着小船，他想那里既然能看到灯光，就一定是一座城市或者港口，生的希望在他心中燃烧着，死的恐惧在一点点地消失，白天时，灯光是自然没有了，只有在夜晚，那片灯光才在远处闪现，像是在对他招手。

一天过去了，食物和水已经快没有了，他只有尽量少吃。饥饿、干渴、疲惫更加严重地折磨着他，好多次他都觉得自己快要崩溃了，但一想到远处的那片灯光，他又陡然添了许多力量。

第四天，他依然在向那片灯光划着，最后，他支持不住昏了过去，但他脑海中依然闪现着那片灯光。

晚上，他终于被一艘经过的船救了上来，当他醒过来时，大家才知道，他已经不吃不喝在海上漂泊了三天三夜，当有人问他，是怎么样坚持下来时，他指着远方的那片灯光说："是那片灯光给我带来的希望。"

大家望去，其实，那只不过是天边闪烁的星星而已！

在生命的旅途中，一定会遇到各种挫折和困境。这时，只要心头有一个坚定的信念，努力地去寻找，就一定会渡过难关的。

在我们每个人的生活中，都需要燃起这样的"灯火"，当我们被失败和挫折所困扰时，抬头看看前面的灯火，便会心生勇气和力量，因为那是我们日夜企盼的目标，我们是那样的希望得到它，又怎会随便放弃呢？因为，它已在我们的眼前，它已并不遥远了啊！

换个角度，换种心情

新婚夫妇旅游结婚。在列车上，丈夫无意中将灌满开水的杯子碰翻了，"啪"的一声，杯子被摔了个粉碎，新娘把嘴撅得老高，埋怨新郎："多不吉利呀！"两人为此事争吵，惊动了列车员。列车员弄清缘由后，笑着说："咳！我以为出了什么大不了的事，这叫岁岁（碎碎）平安。"新娘仍在嘟哝，列车员说，"那'啪'的一声，是为你们送行的，这叫一鸣惊人。你们一定会比翼双飞，事业有成。"这样一说，新娘破涕为笑。可见，同一件事情换一个角度看就会有不同的效果。

苏轼也以诗的语言“横看成岭侧成峰，远近高低各不同”诠释了换个角度看这一做人法则。静止的山尚可以从那么多的角度去看，何况不断运动、变化、发展的事物？做人就该时时换个角度，人生才会更丰富。

真正把这一原则贯彻到家的当数阿Q，有谁能像他那样骄傲地指着自己的癞头疤说出“你们不配长这个”的名言？

别认为这只是自欺欺人，是无奈的苦笑。生活中，这一方式还是很实用的，很能给自己带来好处。

好处一：使自己获得心理平衡。换个角度你不仅拥有了一颗平静的心，更拥有了一分宽容与真诚。试想，面对强大的对手，弱小的你冲上去，后果必死无疑，转回去，就又有些失“体统”，只有换个角度，才能在不失身份的前提下获得一种平衡。生活中这样的事情很多，假如你事事都要刨根问底，弄出个此是彼非来，能顾得过来吗？这不就是“双赢”战略吗？

好处二：助自己成名成家。举凡出了名的人，都对这一人生原则心照不宣。就如秦皇汉武，你知道的只是他们文才武略，济世安邦，豪迈壮观的风度。有没有想过韩愈的话，天将降大任于斯人也，必先苦其心志，劳其筋骨，饿其体肤，空乏其身，行弗乱其所为。大意是，成就一番事业的人，是经历了众多磨难的，如果那时，他们没有换个角度看，在挫折中寻找成功的话，必然是无法通过老天的考验的。

好处三：助自己战胜对手。《圣经》中这样说道：“有人打你的左脸，那你索性连右脸也给他，”打你的人无非是想激起你的愤怒，但你换个角度，不给他你的愤怒，那胜利的还是他吗？这也只是一个极端的说法，现实中当然不至如此。

好处四：使自己安然度日，不被烦恼所困。郑板桥不就有一套得心应手的“糊涂哲学”吗？无非是要人什么都别计较，一团和气地过日子，也是一种高明的角度。日常生活中磕磕绊绊的事总是绵绵不断，你若要认死理，事事较真，那一生恐怕没有几天安宁日子。相反，对于家事、琐碎事，常从对方角度想想，或者干脆就接受对方的想法，毕竟家和万事兴，稳定压倒一切。

好处五：说服他人。撰写过多本世界畅销书的卡耐基曾遇到过这么一件事。一次卡耐基租用某家大礼堂来讲课，对方提出要增加三倍租金。卡耐基与这家经理交涉说：我接到通知，有点惊讶，不过这不怪你。因为你是经理，你的责任是尽可能盈利。紧接着，他为经理算了一笔账，将礼堂用以举办舞会或者晚会，当然会获大利，但你撵走了我，也等于撵走了成千上万有文化的中层管理人员，而他们光顾贵处，是你花钱也买不来的活广告。那么哪样更有利呢？经理被他说服了。

如此这般，不胜枚举。由此可见这一生活原则的巨大魅力。怎能不让人趋之若鹜呢？

时光易逝，经历本就是一种财富，换个角度，想想对方，想想不如自己的人，你会惊喜地发现，自己的生活原来也是充满欢乐，自己原来也得到了上帝的宠爱。甚至忧愁、烦恼也成了幸福生活中可爱的调味品，令人难忘。

换个角度，就会换个心情。用宁静的心看看周围的熙熙攘攘，你会在热闹中享受心灵的宁静。

换个角度，也就会换个活法。退一步海阔天空，换个角度，就能理解环卫工的辛苦，就能体谅营业员的繁忙，就能少一分不满而多一分宽容，少一点牢骚而多一点爱心。

守住生活的阳光

一个人要想活出自己的风采，就要守住自己心中那片灿烂的阳光。这里所说的阳光就是指自己的尊严。曾经听过这样一句话：喜欢自己，就要学会善待自己、欣赏自己，使自己像阳光那样热情奔放，不可或缺，让自己的尊严高高飞扬，活出真自我。

如果你不明白，你可以读一读安迪的故事。

纵使在美女如云的深圳，安迪也算得上一个天生丽质、秀外慧中的女孩。所以，她轻而易举地找到了一份好工作——在一家合资公司任总经理秘书。

而现在，安迪却辞工到一家酒店餐饮部去工作，当了普通的服务小姐。这种落差让人惊诧。“你该知道的，我的上司是一个衣冠楚楚的人，但遗憾的是他也就仅仅衣冠楚楚罢了。”安达淡淡一笑，“所以我辞工的时候什么都没带走，我只要回了我自己。”

其实，安迪应该说，她只是捍卫了她做人的尊严，或者她守护了她理想中那片粲然的阳光。

安迪说她永远忘不了这个小故事：从前一个国王看见一个躺在马路上的乞丐，这个国王一时恻隐心起，问那乞丐：“你需要得到我的帮助吗？”那衣衫褴褛、蓬头垢面的乞丐望了望国王，说：“需要，请站到一边去，别挡住我的阳光。”

“所以，”安迪说，“一个自尊自强的人总会活出自己的风采。因为纵使身处逆境时他还有资格对别人说：别挡住我的阳光！”

在乐观的期待中，要有坚定的信仰；假如有坚定的信仰，努力向上，必定会有美满的成功。让我们相信明天更美好！

用微笑驱散愁云

夜莺，即使是垂垂老矣的那只，仍以她那美妙的歌喉歌唱出甜蜜与爱。

没有什么东西能比一个阳光灿烂的微笑更能打动人的了。

微笑具有神奇的魔力，她能够化解人与人之间的坚冰；微笑也是你身心健康和家庭幸福的标志。

无论你在什么地方，无论你在做什么，在人与人之间，简单的一个微笑是一种最为普及的语言，她能够消除人与人之间的隔阂。人与人之间的最短距离是一个可以分享的微笑，即使是你一个人微笑，也可以使你和自己的心灵进行交流和抚慰。

一旦你学会了阳光灿烂的微笑，你就会发现，你的生活从此变得更加轻松，而人们也喜欢享受你那阳光灿烂的微笑。

百货店里，有个穷苦的妇人，带着一个约 4 岁的男孩在转圈子。走到一架快照摄影机旁，孩子拉着妈妈的手说："妈妈，让我照一张相吧。"妈妈弯下腰，把孩子额前的头发拢在一旁，很慈祥地说："不要照了，你的衣服太旧了。"孩子沉默了片刻，抬起头来说："可是，妈妈，我仍会面带微笑的。"当我们读到这则故事，我们相信每一个人的心都会被那个小男孩所感动。

如果你在生活的摄像机前也像那个贫穷的小男孩一样，穿着破烂的衣服，一无所有，你能坦然而从容地微笑吗？

面对着亲人，你的一个微笑，能够使他们体会到，在这个世界上，还有另外一个人和他们心心相连；

面对着朋友，你的微笑，能够使他们体会出世界上除了亲情，还有同样温暖的友情；

走遍世界，微笑是通用的护照；走遍全球，阳光雨露般的微笑是你畅行无阻的通行证。

不仅如此，你的笑容，甚至也能给人带来巨大的成功。

美国旅馆大王希尔顿于1919年把父亲留给他的12000美元连同自己挣来的几千美元投资出去，开始了他雄心勃勃的经营旅馆的生涯。当他的资产奇迹般地增值到几千万美元的时候，他欣喜而自豪地把这一成就告诉了母亲。

出乎意料的是，他的母亲淡然地说："依我看，你和以前根本没有什么两样……事实上你必须把握比5100万美元更值钱的东西：除了对顾客诚实之外，还要想办法使来希尔顿旅馆的人住过了还想再来住，你要想出这样一种简单、容易、不花本钱而行之久远的办法去吸引顾客。这样做的旅馆才有前途。"

经过了长时间的迷惘，经过长时间的摸索，希尔顿找到了具备母亲说的"简单、容易、不花本钱而行之久远"四个条件的东西，那就是：微笑服务。

这一经营策略使希尔顿大获成功，他每天对服务员说的第一句话就是"你对顾客微笑了没有？"即使是在最困难的经济萧条时期，他也经常提醒职工们记住："万万不可把我们心里的愁云摆在脸上，无论旅馆本身遭受的困难如何，希尔顿旅馆服务员脸上的微笑永远是属于旅客的阳光。"就这样，他们度过了最艰难的经济萧条时期，迎来了希尔顿旅馆业的黄金时代。

经营旅馆业如此，其他行业又何尝不是如此呢？生活中遇到的一切烦恼，又何尝不能用你的微笑化解呢？

放松生命之弦

没见过一块发条永远上得十足的表会走得长久；没见过一辆马力经常加到极限的车会用得长久；没见过一根绷得过紧的琴弦不易断；也没见过一个心情日夜紧张的人不易病。所以善用表的人永不把发条上得过足；善驾车的人永不把车开得过快；善操琴的人永不把琴弦绷得过紧；善养生的人永不使心情日夜紧张。

第二次世界大战时，丘吉尔到北非蒙哥马利行辕去闲谈时，蒙说：“我不喝酒，不抽烟，到晚上10点钟准时睡觉，所以我现在还是百分之百的健康。”丘却说：“我刚巧跟你相反，既抽烟，又喝酒，而且从不准时睡觉，但我现在却百分之二百的健康。”很多人都引为怪事，丘吉尔这样一位身负两次大战重任，工作繁忙紧张的政治家，生活这样没有规律，何以长寿，而且还百分之二百的健康呢？

其实只要稍加留意就可知道，他健康的关键，全在有恒的锻炼，轻松的心情。其既抽烟，又喝酒，且不准时睡觉则不足为训。你没见他在战事最紧张的周末还去游泳吗？没见他在选举战白热化的时候还去垂钓吗？没见他刚一下台就去画画吗？没见他那微皱起的嘴边上，斜插着一支雪茄的轻松心情吗？

使心情轻松的第一要诀是“知止”。“知止”于是而心定，定而后能静，静而后能安，静而且安，心情还有什么不轻松的呢？

使心情轻松的第二要诀是“谋定后动”。做任何事情，要先有个周密的安排，安排既定，然后按部就班地去做，能应付自如，不会既忙且乱了。在这瞬息万变的社会里，当然免不了也会出现偶发事件，此时更要沉住气，详细地安排。事事都要谋定后而动，就一定能像谢安那样在淝水之战最紧张时还能有闲情逸致下棋了。

使心情轻松的第三要诀是不做不胜任的事。《史记》的《酷吏列传》里有“胜任愉快”一词，合理至切。假如你身兼八职，顾此失彼；或用非所长、心余力绌，心情又怎能轻松呢?

使心情轻松的第四要诀是“拿得起，放得下”。对任何事都不可一天 24 小时地念念不忘，寝于斯，食于斯。否则，不仅于身有害，且于事无补。

使心情轻松的第五要诀是在轻松心情下工作。工作尽可紧张，但心情须轻松。在你肩负重担的时候，千万记住要哼几句轻松的歌曲。在你写文章写累了的时候，不妨高歌一曲。要知道心情越紧张，工作越做不好。

一个口吃的人，在他悠闲自在地唱歌时，绝不会口吃；一个上台演讲就脸红的人，在他与爱人谈心时一定会娓娓动听。要想身体好，工作好，就一定要在轻松的心情下工作。

使心情轻松的第六要诀是多留出一些富余的时间。好多使我们心情紧张的事，都是因为时间短促，怕耽误事。若每一样事都多腾出些时间来，就会不慌不忙，从容不迫了。最好的办法就是把自用表拨快一个相当的时间。时时刻刻用表面上的时间提醒自已，如此则既不误事，又可轻松。

看开而不看破

现实生活中有许多人往往因一些人生道路上的重大挫折如升学失败、就业无着、恋爱危机而不敢面对和承受，要么出家，伴着暮鼓晨钟，清灯佛影来度此一生；要么自杀，走上轻生之路。

他们自以为看开了一切，人生不值得眷恋，还是一了百了为好。其实这不是看开，而是看破了，事实上还是没有看开。

想不开、看不开的意念，就像眼前有一片小小的树叶，遮住了所有的阳光。这样的黑暗是自己造成的。人应该知道的是：为何而生，为何而死；人应该决定的是：如何生存下去。如果到了必须决定如何而死时，则不能不作重于泰山与轻于鸿毛的考虑。所以不要萌发出家或轻生的念头，因为这意味着投降，是彻底的失败，完全没有翻本的机会。移开眼睛前面的屏障，看阳光普照大地。给自己一点时间，因为时间是最好的药剂，能够治愈任何创伤。

轻生是看破红尘的表现，贪生怕死同样是看不开的表现。有许多人太眷恋人生，认为自己功未成名未就，人世间的荣华富贵没有享尽，一死了之，太可惜了。这样的人仍然是没有看开。

真正看开的人，生死祸福等闲视之。有道是万物皆有生有死，这是生命的自然规律。一个人的生是遵循着自然界运动法则而产生的，而一个人的死亡也是生命历程的自然终极，它是世界万物转化的结果，生好像是浮游在天地之间一样，死则恰似休息于宇宙怀抱之中，这一切实际上是不应该有什么大惊小怪的，生也罢，死也罢，都是非常正常的。生有何欢，死又何惧，生死并没有什么可怕的。

庄子生命垂危时，他的弟子们商量准备如何为他进行厚葬。庄子知道了以后，幽默地对他的弟子们说："我死了以后，就把蓝天当作自己的棺椁，把光辉的太阳和皎洁的月亮当作自己的殉葬品，把天上的星星当作珍贵的珍珠。把天下万物当作自己的殉葬品，这些还不够吗？何必还要搞什么厚葬呢？"他的弟子们哭笑不得，解释说:“老师呀，即使是那样的话，我们还是担心乌鸦把您给吃了呀！”庄子说:“扔在野地里你们怕乌鸦老鹰吃了我，那埋在地下就不怕蚂蚁吃了我么？你们把我从乌鸦老鹰嘴里抢走送给蚂蚁，为什么那么偏心眼呢？”

如果能这般把生看得开，把死悟得透，也就不会为生命的即将终结而哭泣，相反还会活出生命的本真。“生死有命，富贵在天。”生命诚然是宝贵的，然而它又是短暂的，死而不能复生，因此活着就应当顺应自然，面对现实，笑对生活。笑对生活是乐生重生，遵循生命的规律，追求高目标，却又看得透、想得开，活得既有意思、有价值，又比较轻松愉快。

真正看开的人都不太执着于权势的追逐、金钱的获得、名利的获取，而是返璞归真顺应自然，保持人原有的那种质朴、纯真的自然之性。是那种看庭前花开花落，望天边云卷云舒，宠辱不惊，物我两忘的恬适、超然的心态。